彩图1-1　葡萄日光温室促成栽培
（纠松涛拍摄于山东日照）

彩图2-1　夏黑　　　　　　**彩图2-2　早黑宝**　　　　　　**彩图2-3　维多利亚**
（刘众杰拍摄于山西农科院）　　（刘众杰拍摄于山西农科院）　　（张培安拍摄于郑州果树所）

彩图2-4　粉红亚都蜜　　　**彩图2-5　黑色甜菜**
　　　　　　　　　　　　　　（张培安拍摄于郑州果树所）

彩图2-6　红巴拉多　　　　　　彩图2-7　黑巴拉多

彩图2-8　百瑞早　　　　彩图2-9　阳光玫瑰　　　彩图2-10　无核白鸡心
（纠松涛拍摄于徐州东山）　（刘众杰拍摄于山西农科院）　（刘众杰拍摄于山西农科院）

  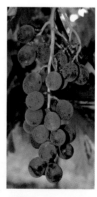

彩图2-11　安艺皇后　　　彩图2-12　巨峰　　　彩图2-13　巨玫瑰
（张培安拍摄于郑州果树所）

彩图2-14 黄金指
（张培安拍摄于郑州果树所）

彩图2-15 藤稔
（刘众杰拍摄于山西农科院）

彩图2-16 白罗莎里奥
（张培安拍摄于郑州果树所）

彩图2-17 意大利

彩图2-18 美人指

彩图2-19 魏可

彩图2-20 红地球
（张培安拍摄于郑州果树所）

彩图3-12 "品种混种，立体栽培"葡萄生产效果图
（纠松涛拍摄）

彩图3-13 修剪前植株状以及修剪后葡萄植株生长状况

彩图3-15 修剪前植株状以及修剪后葡萄植株生长状况

彩图4-1 葡萄篱架整枝

彩图4-2 葡萄"Y"字型树形

彩图4-4 葡萄"H"树形

彩图4-11 葡萄短梢修剪

彩图4-12 葡萄中长梢修剪

彩图5-1 葡萄二氧化硫症状

彩图8-1 葡萄霜霉病

彩图8-2 葡萄白粉病

彩图8-3 葡萄灰霉病

彩图8-4 葡萄炭疽病
（刘长远提供）

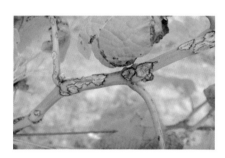

彩图8-5 葡萄黑痘病

彩图8-6 葡萄褐斑病
（刘长远提供）

彩图8-7 葡萄根癌病
（柴荣耀提供）

彩图8-8 柳蝙蛾幼虫

彩图8-9　葡萄透翅蛾成虫

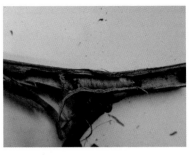
彩图8-10　葡萄透翅蛾幼虫

彩图8-11　葡萄虎天牛

彩图8-12　葡萄三点斑叶蝉

彩图8-13　缨翅

彩图8-14　粉蚧

彩图8-15　葡萄根瘤蚜

彩图8-16　金龟子

果树栽培修剪图解丛书

图解
设施葡萄

高产栽培修剪与病虫害防治

● 房经贵 主编

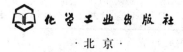

化学工业出版社

·北京·

当前我国葡萄设施栽培发展迅猛，由于可有效控制病虫害和调控上市供应期，使葡萄产业效益显著提高。本书由国家现代葡萄产业技术体系专家编著，在总结多年葡萄设施栽培实践的基础上，结合全国各地开展设施栽培的先进经验，以实用为主，图文并茂，以图解的形式围绕设施葡萄高效、优质、安全生产，重点介绍了设施葡萄优良品种、设施葡萄整形修剪与配套栽培技术、设施葡萄病虫害及综合防治方法等，并阐述了当前葡萄设施栽培新进展与新技术。

本书适合果树栽培生产人员，果园经营管理及技术人员，农业技术推广人员及相关科研人员参考阅读。

图书在版编目（CIP）数据

图解设施葡萄高产栽培修剪与病虫害防治/房经贵主编. —北京：化学工业出版社，2018.6
（果树栽培修剪图解丛书）
ISBN 978-7-122-32035-3

Ⅰ.①图… Ⅱ.①房… Ⅲ.①葡萄栽培-图解②葡萄-病虫害防治-图解 Ⅳ.①S663.1-64②S436.631-64

中国版本图书馆 CIP 数据核字（2018）第 081061 号

责任编辑：李 丽　　　　　装帧设计：韩 飞
责任校对：边 涛

出版发行：化学工业出版社
　　　　　（北京市东城区青年湖南街 13 号　邮政编码 100011）
印　　刷：北京京华铭诚工贸有限公司
装　　订：北京瑞隆泰达装订有限公司
850mm×1168mm　1/32　印张 6½　彩插 4　字数 99 千字
2018 年 8 月北京第 1 版第 1 次印刷

购书咨询：010-64518888（传真：010-64519686）
售后服务：010-64518899
网　　址：http://www.cip.com.cn
凡购买本书，如有缺损质量问题，本社销售中心负责调换。

定　　价：29.90 元

编写人员名单

主　　编：房经贵

副 主 编：王　晨　　解振强　　李　民　　顾克余

　　　　　冷翔鹏　　申公安

编写人员：房经贵　　王　晨　　解振强　　李　民

　　　　　冷翔鹏　　顾克余　　申公安　　孙　欣

　　　　　朱旭东　　纠松涛　　郑　婷　　张克坤

　　　　　许瀛之　　陈　珂

果树产业是农业的重要组成部分。搞好果树生产对发展农业经济、保障果品供给、改善人们生活、增加农民收入、出口创汇、绿化荒山、调节气候等方面都具有十分重要的意义。果树生产属园艺范畴，自古以来人们对"三园"（果园、菜园、花园）比较器重，通常对其精耕细作，巧施技艺。随着名优稀特新品种的采用，品种结构的不断优化，设施保护栽培的不断兴起，果树单位土地面积收益也随之大幅度提升，加之果树的大面积推广发挥出了其独到的生态与休闲观光的功能，因此，果树生产在我国的经济建设中具有举足轻重的地位。

尽管近些年来我国果树产业呈现高速发展态势，总面积、总产量、年递增率已跃居世界之首，成为果品生产大国，但还存在着许多失衡、失调、失控之处，许多地方存在技术管理落后与盲目发展果树的"果树热"之间的突出矛盾，制约着我国果树生产的持续发展。在果树发展爆发性热潮中，由于果园投入严重不足、管理跟不上、技术人才匮乏等问题，存在建园质量差、栽培技术体系不健全、适龄果园不投产、单位面积产量低、果品质量差等不足。

为了服务果树生产，并对其提供科学技术指导，我们根据实践经验，结合大量文献资料编写了一套12个分册的《果树栽培修剪图解丛书》：《图解设施葡萄高产栽培修剪与病虫害防治》《图解设施草莓高产栽培与病虫害防治》《苹果高产栽培整形与修剪图解》《图解梨高产栽培与病虫害防治》《柑橘高产优质栽培与病虫害防治图解》《石榴高产栽培整形与修剪图解》《蓝莓高产栽培整形与修剪图解》《猕猴桃高产栽培整形与修剪图解》《图解桃杏李高产栽培与病虫害防治》《核桃板栗高产栽培整形与修剪图解》《图解设施樱桃高产栽培与病虫害防治》和《图解设施西瓜高产栽培与病虫害防治》，该丛书以现代生物科学理论为基础，结合果树生长发育规律及果树栽培基本理论，并根据不同地区果树生物学特性以及作者多年在果树高产优质栽培中积累的经验和最新研究成果，通过图谱直观地讲解果树树体管理、果实管理、设施栽培、土肥水管理、病虫害防治、整形修剪等高效栽培的实用技术，并利用最新研究成果解释了实用技术的可靠性和科学性。该丛书不仅能给科技工作者提供参考，也能为果农提供新的高产栽培实用技术，从而为果树生产提供科技支撑，是一套实用性很强的果树高产优质栽培技术用书。

编委会
2016 年 8 月

　　近十年来，中国的葡萄种植，无论是栽培面积、产量，还是优质高效标准化栽培模式及管理技术，都取得了迅猛发展，中国已成为世界葡萄生产大国。在栽培模式方面，已经从传统的露地栽培模式发展到设施促成栽培、设施延迟栽培、避雨栽培等多种模式。葡萄设施栽培的发展，不仅扩大了栽培区域，调整了葡萄产业布局，调控延长了鲜食葡萄成熟和上市供应期，而且显著提高了葡萄产业的经济效益和社会效益。

　　葡萄设施栽培是葡萄由传统栽培向现代化栽培发展的重要转折，是实现葡萄高产、优质、安全、高效的有效途径之一。近二三十年来，随着人民生活水平的提高以及葡萄优质高效安全栽培技术的发展，使我国葡萄设施栽培得到迅猛发展，设施葡萄品种不断涌现，栽培技术不断提高，种植模式不断更新，农民收益不断增加。但是，与此同时，广大农民在选用设施葡萄新品种、采用新技术时，往往因不得法而达不到高产高效，为了满足广大葡萄设施栽培者对新品种、新技术的迫切需要，我们在总结多年葡萄设施栽培实践的基础上，结合全国各地开展设施栽培的先进经验，编写了本书以实用为主，供大家在发展葡萄设施栽培中应用和参考。

本书围绕设施葡萄高效、优质、安全生产，重点介绍了设施葡萄优良品种、设施葡萄整形修剪与配套栽培技术、设施葡萄病虫害综合防治等，并阐述了当前葡萄设施栽培新进展与新技术。

随着全国现代农业的蓬勃发展，葡萄设施栽培发展很快，但是由于我们水平有限，在书中肯定有许多不足之处，恳请广大读者批评指正。

编者
2018 年 3 月

图解设施葡萄高产栽培修剪与病虫害防治

目录
CONTENTS

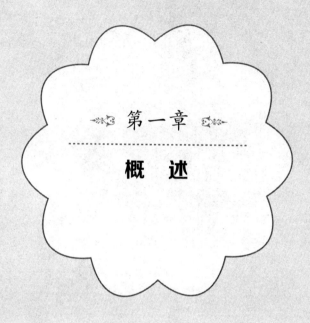

第一章

概　述

一、葡萄设施栽培的意义

葡萄设施栽培也称葡萄保护地栽培，是指利用人工设施改变环境小气候进行葡萄栽培的生产方式；是一个社会的经济水平发展到一定高度的产物，也是集品种选用、设施设计与建造、综合配套栽培管理技术等于一体的高水平农业技术体系。

在充分利用自然环境条件的基础上，利用温室、塑料大棚和避雨棚等保护设施，改善或控制设施内的环境因子（包括光照、温度、湿度和二氧化碳浓度等），为葡萄的生长发育提供适宜的环境条件，进而提前或延后其成熟，从而获得较高经济效益的一种栽培方式。葡萄设施栽培是葡萄由传统栽培向现代化栽培发展的重要转折，是实现葡萄高产、优质、安全、高效的有效途径之一。与传统的露地栽培相比，葡萄设施栽培具有以下优点：

① 葡萄设施栽培可以通过对设施内光照、温度的控制，在一定范围内促进葡萄提早成熟或延迟成熟，保证葡萄的周年生产和均衡上市。

② 葡萄设施栽培延长了生育期，克服了无霜期短的限制，扩大了优良品种的栽培范围。

③ 葡萄设施栽培防止了降雨对葡萄生长和结果的影响，可大大减轻白腐病、炭疽病、霜霉病等多种

病害的侵染，减少农药使用量和喷施次数，提高葡萄的安全质量，确保生产出无公害、绿色葡萄。

④ 发展葡萄设施栽培可以为葡萄生长创造良好的条件，使葡萄成园快，结果早，利于丰产、稳产；此外，设施栽培可通过提前或延后葡萄上市，弥补市场水果淡季，见效快，经济效益高。

二、葡萄设施栽培的模式

葡萄设施栽培因栽培目的的不同，可分为促成栽培、延迟栽培和避雨栽培等几种模式。

（一）设施促成栽培

以提早成熟、提早上市为目的的促早栽培模式，是我国葡萄设施栽培的主流。通过早春覆膜保温，后期保留顶膜避雨，即"早期促成、后期避雨"的栽培模式，可为早春、初夏淡季提供葡萄鲜果供应，为果农带来高额利润。各种温室大棚都能达到促成栽培的目的，在不同的地区都有较为广泛的应用，栽培技术较为成功，亦是设施栽培的主要方向。

主要措施包括：①采用早熟品种，达到早中取早的效果。②采取温室加温、多膜覆盖、畦面覆盖地膜等措施，尽可能地提高气温和地温。③对枝芽涂抹石灰氮或单氰胺，打破葡萄枝芽休眠，促进提前萌芽。④通过限水控产、增施有机肥等措施，促进果实提早成熟。

（二）设施延迟栽培

延迟栽培是以延长葡萄果实成熟期、延迟采收、提高葡萄浆果品质为目的的栽培形式。通过延迟栽培，可将葡萄产期调控在元旦、春节期间上市，既能生产优质葡萄，又可省去保鲜费用，延长货架期，可获得较高的市场"时间差价"。这种栽培模式适合于质优晚熟和不耐储运的品种。某些品种在某一地区露地不能正常成熟，可采用设施延迟栽培，使其充分成熟。

（三）避雨栽培

避雨栽培是以塑料薄膜挡住葡萄植株，起到遮雨、防病、防雹、控制水分、提高品质等作用。这种栽培模式在我国降雨量大的地区普遍推行，收效甚好，发展迅速。避雨栽培可以减少病害侵染，提高坐果率，改善果品品质，并可以有效地防止葡萄因采前遇雨而造成的裂果和腐烂，提高耐储性，扩大欧亚种葡萄的种植区域。避雨栽培已成为生长季雨水大、病害多的葡萄产地最主要的栽培措施。尤其南方地区又在简易避雨栽培的基础上，演化出促成加避雨栽培的新模式。

三、葡萄设施栽培类型

（一）促成栽培

1. 日光温室

日光温室是由保温良好的单、双层北墙、东西两

图1-1 葡萄日光温室促成栽培（纠松涛拍摄于山东日照）

侧山墙和正面坡式倾斜骨架构成，骨架上覆盖塑料薄膜形成一面坡式的薄膜屋面，薄膜上盖草帘保温。由于它是利用阳光照射的热量使室内升温，故称为日光温室（图1-1，彩图；图1-2）。也有的地区在室内增设暖气、加温烟道或火炉等加温设备，成为加温温室。

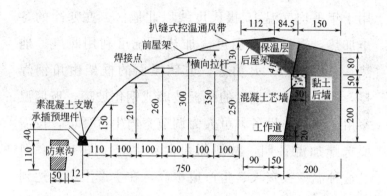

图 1-2 葡萄日光温室剖面示意图（单位：厘米）

日光温室的框架可因地制宜地采用木杆、竹竿、钢筋、水泥等制作。日光温室由于具有倾斜度较大的坡式薄膜屋面，白天能使阳光充分射入室内，冬季阳光直射北墙，增加室内反射光及热能，使室内增温。夜间北墙阻挡寒风侵袭，有利于保温。有的在薄膜屋面上加盖草帘或棉被，保温效果更好。日光温室的缺点是东西两面山墙遮光面较大，上午东墙遮光，下午西墙遮光，使两墙附近的植株由于受光少而生长发育较差，果实成熟稍晚。这种温室由于保温效果好，必要时能够加温，因此在东北地区及西北较寒冷的葡萄设施栽培区应用较多。

2. 玻璃棚面温室

采用玻璃温室进行葡萄栽培，温室根据加热方式分为日光温室和加温玻璃温室。日光温室内无加热装置，设施内升温主要依靠日光照射。加温玻璃温室适用于年平均气温15摄氏度线以北地区，在寒冷的冬季加热，提高室内温度。加热系统可利用暖气、地热、电厂余热、火炉等。玻璃屋面的框架由角钢焊接，采用厚度5毫米的平板玻璃或钢化玻璃。玻璃温室由于有加热设备，可人为调节室内生育环境，按需要选择加温日期，做到葡萄常年生产（图1-3）。但是这种温室投资大、生产成本高，在生产上很难达到较好的效益，因此应用比较少，多用于经济条件较好的地区和被科研、教学单位采用。

图 1-3　玻璃温室（纠松涛拍摄于江苏宜兴）

3. 塑料大棚

塑料大棚是葡萄促成栽培的常用形式，可分为单栋大棚和连栋大棚（图1-4，图1-5），两种大棚相比，后者较前者保温性、抗风性强，节约土地，便于管理，但其在棚温湿度调节方面稍弱于前者。塑料大棚是用竹木或钢架结构形成棚架，覆盖塑料薄膜而成，分屋脊型和半拱圆型。目前各地塑料大棚的种类很多，结构规格各异，总的来看，有钢架和竹木架两类，其中装配式钢架大棚施工简便，备受青睐。

图 1-4　葡萄单栋大棚生产应用

与温室相比，塑料大棚投资少、效益高、设备简易、建造方便、不受地点和条件限制等优点。塑料大棚的光照比日光温室好，全天棚内各部分都可均匀接受光照，而且增温迅速；但其缺点是散热快，保温性能较差。塑料大棚填补了温室与露地栽培的空缺，多

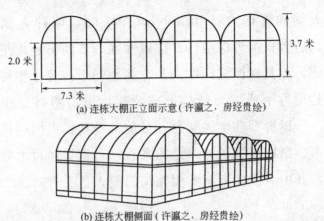

(a) 连栋大棚正立面示意 (许瀛之, 房经贵绘)

(b) 连栋大棚侧面 (许瀛之, 房经贵绘)

(c) 连栋大棚实景 (纠松涛拍摄于江苏句容农博园)

图 1-5　葡萄连栋塑料大棚

膜覆盖的改进使塑料大棚应用越来越广泛。一般根据地区和成熟期的要求不同覆盖单层、双层、三层膜。在南方大部分地区采用塑料大棚的栽培模式,前期增温促进早熟,后期葡萄生长期雨水较多,还能有效避雨,达到

早熟优质的目的，深受种植户的喜爱。（图 1-6）

图 1-6 葡萄连栋大棚生产应用（纠松涛拍摄于江苏句容农博园）

4. 塑料覆盖小拱棚

塑料小拱棚是塑料大棚的缩小形式，基本骨架是由竹木片构成的小拱棚，上面覆盖一层塑料薄膜。由于其具有投资少、见效快、风险低等优点，是最简单的一种促成栽培方式，一般可提早上市 10～15 天，多在农村或小规模种植的葡萄生产户中采用。塑料小拱棚常在露地栽培基础上进行搭设。主要用于适宜埋土防寒地区进行简易的促早栽培，在东北、西北、黄土高原露地栽培地区使用较多，也可用于冬季葡萄不下架、不埋土园区,搭建小拱棚可减轻冬季冻害。

(二) 延迟栽培

从延迟采收角度进行设施栽培也是葡萄设施栽培一个新的发展方向。当前延迟栽培主要采用大棚和日光温室两种栽培方式,根据一个地区入冬以后气温降温状况和计划采收时间,即可确定应该采用的设施类型。由于大棚保温御寒效果明显弱于温室,因此在初冬降温较慢、气温较高和要求延迟采收时间不太长的地方,多以大棚延迟栽培为主(图1-7);而在海拔较高、年平均温度较低、后期降温较快和需要延迟采收时间较长的地方,多以日光温室延迟栽培为主(图1-8)。例如,我国北方葡萄晚熟品种成熟期在9月下旬至10月上旬,在成熟前采用设施覆盖,减少日温

图 1-7　葡萄延迟栽培塑料大棚

图 1-8　葡萄延迟栽培日光温室

差并防止 10 月下旬以后的急骤降温，可使葡萄成熟采收期推迟到 11 月上中旬以后。这样不但可以延长鲜食葡萄自然上市供应时间，而且可以使一些优质、耐储的晚熟品种充分成熟，大大提高其产品的商品品质和栽培效益。

　　延迟栽培一般多采用大棚塑料薄膜覆盖的形式，一般大棚骨架以梁栋式钢架或竹架为主，覆膜为聚氯乙烯无滴膜。为防止秋末冬初大风对塑料膜的损伤，常在塑料膜外附加塑料绳编成的防风网，具体建造形式可根据栽培地区的实际情况灵活决定。

（三）避雨栽培

1. 塑料大棚

与促成栽培所用塑料棚相同，可采用棚架栽培。大棚两侧裙膜可随意开启，最好大棚顶部设置部分顶卷膜。根据覆膜时间的早晚和覆盖程序，可用于促成加避雨或单纯避雨栽培等模式。

2. 避雨棚

避雨棚是介于塑料大棚栽培和露地栽培之间的一种类型，是设施栽培的特殊形式，搭建是在葡萄 V 形架或篱架的架面上，利用竹片或钢管形成拱面，覆盖薄膜即可（图 1-9）。在形式上可分为单栋避雨棚和连栋式避雨棚。单栋避雨棚与塑料大棚不同的是，避雨棚具有设施简单、防病效果明显、投入产出率高等特点。避雨栽培是由南方种植区逐渐推广开的，在葡萄挂果期降雨较集中，导致葡萄病害发生比较严重，通过搭建避雨棚能有效解决高温高湿带来的病害威胁，并且通过避雨栽培显著减少了农药的用量。尤其在我国南方多雨多湿生态条件下，避雨栽培已成为长江以南地区的一种特有的葡萄栽培方式，华北及环渤海年降雨量 500 毫米以上的种植区也开始大面积推广。避雨棚搭建成本受其大小及其所用材料等影响。目前常见的避雨棚模式如飞鸟型 [图 1-9(a)（b)]，

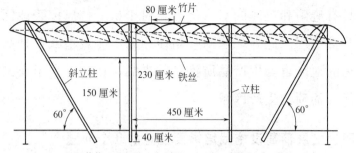

(a) 葡萄"飞鸟型"避雨棚正面示意（许瀛之，王晨绘）

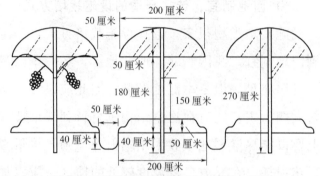

(b) 葡萄"飞鸟型"避雨棚侧面示意（许瀛之，王晨绘）

(c) 葡萄简易避雨棚

图 1-9 葡萄避雨棚

具有避雨和抗风的双重优点,对于易受台风侵袭地区非常适用。此外,避雨栽培使原来不能栽培欧亚种品种的地区也能生产品质优良的果品,从而扩大了我国优质葡萄的生产区域。

四、发展葡萄设施栽培需要注意的几个问题

(一) 因地制宜,选择合适的设施栽培方式

设施栽培类型很多,选择设施栽培方式,一定要做到因地制宜。我国华北、西北地区,冬春季云量较少,日照充足,但冬季温度较低,因此应以日光温室塑料大棚为主,同时在温室结构、材料和栽培架式选择上要以能尽量多地吸收太阳辐射为原则,尽量减少光、热损耗。在北方冬季温度较低的地区,应以加温型日光温室为主,在温室的建造方式和建筑材料上要充分考虑到保温、保光和节能。设施建成后,一般应用期限在 10 年左右,因此一方面要注意节约投资,同时要重视设施建设的牢固性,不要因盲目追求简陋而造成日后的反复维修,这样反而会增加建设成本,降低经济效益。

(二) 慎重选择适合设施栽培的品种

葡萄设施栽培属于高效农业,品种选择对设施栽培效益的高低有决定性作用。适合设施内栽培的品种必须对设施生态条件有综合的适应性,这突出表现在

以下几个方面：一是需寒量较低。需寒量即葡萄芽眼休眠后低于 7.2 摄氏度温度的总小时数。需寒量低的品种通过休眠较快，萌芽早，成熟也较早。二是耐弱光照。设施内光照强度、光照时间仅为露地的 1/3～1/2，因此必须选择在弱光照下容易形成花芽、发芽率高、容易坐果、容易上色且上色整齐，成熟一致的葡萄品种。三是耐热性强。春季 4 月左右设施中高于 30 摄氏度的温度对葡萄生长和结果的影响更大，常导致叶片、果穗灼伤、萎蔫和脱落。四是早熟性明显。设施栽培主要目的是提早成熟、提早上市供应，因此应尽量选择成熟期早的品种，这样效益才会更明显。在设施延迟栽培中则应该选晚熟或者极晚熟的品种。五是大果穗、大果粒、优质、丰产。设施葡萄品种的商品性要突出。应大穗大果、色泽艳丽、优质、丰产，充分发挥设施栽培的作用。

（三）采用设施栽培配套技术促进优质、早熟、丰产

设施栽培与露地栽培完全不同，在设施栽培条件下葡萄植株休眠期缩短，从萌芽到成熟整个物候期比露地栽培要早 30～50 天，物候期的变化要求有与之相适应的栽培管理技术，如打破休眠、促进花芽分化、促进坐果率和提高叶片光合效率、增进品质等。人工调节设施内的光照、温度、湿度和气体成分成为设施栽培管理的主要工作。同时，在病虫害防治方面，设施栽培中葡萄病虫害的种类与发生规律与露地栽培也不完全相同，加之设施中葡萄生长处于一个较为封闭的空间，对药剂防治技术也有特定要求。

（四）重视包装和储藏保鲜，提高设施栽培效益

设施栽培产品属于高档产品，必须重视采后的保鲜储藏和包装。设施促成栽培葡萄成熟时正值夏季，而且早熟品种本身耐储性较差，采收后若不能及时销售完毕，应注意采用合适的保鲜储藏措施。因地制宜、精心管理、细致包装，提高葡萄品质和商品价值是设施葡萄栽培必须自始至终贯彻的原则。

第二章

设施栽培葡萄品种

一、早熟品种

1. 夏黑（图 2-1，彩图）

图 2-1 夏黑（刘众杰拍摄于山西农科院）

欧美杂种。原产于日本，日本山梨县果树试验场由巨峰×二倍体无核白杂交育成，1997 年 8 月获得品种登记，2000 年由江苏神园徐卫东引入我国。果穗圆锥形或有歧肩，果穗大，平均穗重 420 克左右，果穗大小整齐，果粒着生紧密。果粒近圆形，自然粒重 3.5 克左右，经赤霉素处理后可达 7.5 克以上，果皮紫黑色，在夜温高的南方也容易着色且上色一致，成熟一致。果粉厚，果皮厚而脆。果肉硬脆，无肉囊，果汁紫红色，可溶性固形物含量 20%，有较浓的草莓香味，无核，品质优良。在江苏地区，7 月 10 日至 7 月 20 日成熟，从开花至浆果成熟所需天数为 100~115 天。该品种树势强健，抗病力强，果粒着生牢固，是一个罕见的集早熟、大粒、优质、抗病、易着色、耐运输于一体的三倍体无核品种。

2. 早黑宝（图 2-2，彩图）

图 2-2　早黑宝（刘众杰拍摄于山西农科院）

欧亚种。山西省果树研究所选育的欧亚种四倍体鲜食品种，2001 年通过山西省品种审定。果穗大，圆锥形带歧肩，平均果穗长 16.7 厘米，宽 14.5 厘米，穗重 430 克，果粒着生紧密。果粒大，短椭圆形，平均纵径 2.4 厘米，横径 2.3 厘米，平均单穗重 7.5 克，最大可达 10 克，果皮紫黑色，较厚而韧。果肉较软，可溶性固形物含量 15.8%，完全成熟时有浓郁的玫瑰香味，品质上等。每果粒中有种子 1～2 粒，综合性状优良，在山西晋中地区 4 月中旬萌芽，5 月下旬开花，7 月下旬果实成熟，属早熟鲜食品种的佼佼者。该品种适于在我国北方干旱半干旱地区栽培，在设施栽培中早熟特点尤为突出。

3. 维多利亚

欧亚种（图 2-3，彩图），二倍体，罗马尼亚用绯红×保尔加尔杂交育成。1996 年引入我国。早果、穗大，圆锥形或圆柱形，平均穗重 630 克，果穗稍长，果粒着生中等紧密。果粒大，长椭圆形，粒形美观，无裂果，平均果粒重 9.5 克，平均横径 2.31 厘米，纵径 3.20 厘米，最大果粒重 15 克；果皮黄绿色，果皮中等厚；果肉硬而脆，味甘甜爽口，品质佳，可溶性固形物含量 16.0%，含酸量 0.37%；果

图 2-3　维多利亚（张培安拍摄于郑州果树所）

肉与种子易分离，口感清淡爽口，品质优良。果粒着生极牢固，不脱粒，耐储运。长势中等，结实力强，极丰产，抗病力强，栽培管理简易。在河北昌黎地区 4 月 16 日萌芽，5 月下旬开花，8 月上旬果实充分成熟。

4. 粉红亚都蜜

欧亚种（图 2-4，彩图），原产日本。树势强旺，具有抗病，丰产、优质、成熟早等优点。果穗圆锥形，果柄粗壮，果粒生长紧密，果穗大，平均穗重

750 克，最大 1000 克以上，平均单果重 8.5 克，最大 12 克，果形长椭圆形，果色呈红色至深红色，上色整齐，果皮薄，难与果肉分离，果汁多，果肉脆硬，用刀可切成薄片，含糖量 16％～18％。有清香味，口感好，品质佳，丰产性强，不落果，不裂果，不落粒，较耐储运，7 月中下旬成熟，是欧亚种群中早熟、紫红色易丰产的优良品种。

图 2-4　粉红亚都蜜

5. 黑色甜菜

欧美杂种（图 2-5，彩图）。原产于日本，藤稔×先锋杂交育成，2004 年品种登录，属早熟特大粒欧美杂交种，果穗圆锥形带岐肩，平均穗重 500

图 2-5 黑色甜菜（张培安拍摄于郑州果树所）

克，最大 1200 克，果粒着生中等紧密。果梗粗壮，长度适中。果粒特大，短椭圆形，平均粒重 14～18 克。果皮青黑至紫黑色，果皮厚，果粉多，果皮与果肉易分离，上色好，去皮后果肉、果芯留下红色素多，肉质硬脆。多汁美味，可溶性固形物 16%～17%，酸味少，无涩味，味清爽。每果粒含种子数少，种形较大。该品种抗病，丰产易种，在山东平度地区 7 月中旬成熟，是目前巨峰系列品种中又大又甜的早熟品种。

6. 红巴拉多

欧亚种（图 2-6，彩图），原产日本，亲本为巴

图 2-6　红巴拉多

拉蒂×京秀。果穗大，平均单穗重 800 克，最大单穗重 2000 克。果粒大小均匀，着生中等紧密，椭圆形，平均粒重 9 克，最大粒重可达 12 克。果皮鲜红色，皮薄肉脆，可以连皮一起食用，含糖量高，最高可达 23%，无香味，口感优秀。不易裂果，不掉粒。早果性、丰产性、抗病性均好，在张家港市 7 月上旬开始成熟，为早熟品种。

7. 黑巴拉多

欧亚种（图 2-7，彩图），原产日本，亲本为米山三号×红巴拉多，目前国内最早熟的葡萄品种，属于极早熟、丰产性、稳产性、抗病性强，高品质、运输性强的葡萄最新品种。紫黑色，果穗呈圆锥形，果

图 2-7　黑巴拉多

粒着生中等紧密，大小整齐，穗重 500 左右，果粒长椭圆形，平均粒重 8～10 克，果粉比红巴拉多要多，皮薄，肉脆，味浓香甜，种子 2～3 粒，可以无核化，糖度在 19～21 度左右，最高可达 23 度，风味浓厚，鲜食品质优秀。在山东地区避雨棚内栽培，三月底萌芽，5 月中旬开花，7 月上旬果实完全成熟，萌芽到果实成熟需要 100 天左右。

8. 百瑞早

欧美杂种（图 2-8，彩图），南京农业大学房经贵教授课题组发现的无核葡萄品种'8611'植株芽

图 2-8　百瑞早（纠松涛拍摄于徐州东山）

变。果穗圆锥形，大小整齐，穗长 23 厘米，穗宽 13
厘米，平均穗重 1400 克，果粒着生紧凑。果粒圆形、
无核、红色、大、纵径 2.5 厘米、横径 2.3 厘米、平
均粒重 9.2 克、最大粒重 13 克。果粉少、无果锈、
果皮薄、果肉软。可溶性固形物为 14.5％，对霜霉
病、白腐病具有较高的抗性，在黄河故道地区栽培易
着色，一般为 3 月 24 日～4 月 4 日期间萌芽，5 月
10～20 日期间开花，7 月上旬浆果成熟，是适合江苏
省露地及大棚与避雨设施栽培的极早熟葡萄品种。

二、中熟品种

1. 阳光玫瑰

欧美杂交种（图 2-9，彩图），亲本为安芸津 21

图 2-9 阳光玫瑰（刘众杰拍摄于山西农科院）

号×白南，果穗圆锥形，穗重 600 克左右，大穗可达
1800 克左右，平均果粒重 8～12 克；果粒着生紧密，
椭圆形，黄绿色，果面有光泽，果粉少；果肉鲜脆多
汁，有玫瑰香味，可溶性固形物 20％左右，最高可
达 26％，鲜食品质极优；该品种可以进行无核化处
理，即在盛花期和花后 10～15 天利用 25×10^{-6} 赤
霉素进行处理，使果粒无核化并使果粒增重 1 克左
右。不裂果，耐储运，无脱粒现象；较抗葡萄白腐
病、霜霉病和白粉病，但不抗葡萄炭疽病。避雨栽
培条件下，江苏地区一般 3 月中上旬萌芽，5 月初
进入初花期，5 月上中旬盛花期，6 月上旬开始第
一次幼果膨大，7 月中旬果实开始转色，8 月初开

始成熟，可以成为葡萄产业的更新替代推广品种
之一。

2. 无核白鸡心

欧亚种（图 2-10，彩图），又名森田尼无核。
1983 年从美国加州引入。自然果穗圆锥形，平均穗
重 800 克，最重 1500 克，果粒着生紧密。果粒长卵
圆形，平均粒重 5.2 克，最大 7 克。用赤霉素（酸）
膨大处理后达 8~10 克。果皮黄绿色，皮薄果肉厚而
硬脆，韧性好，浓甜，果皮不易分离，食用不需要吐
皮。含可溶性形物 16.0%，含酸 0.83%，含糖量
13%~28%，微有玫瑰香味，品质极佳。果粒着生牢
固，不落粒，不裂果，耐运输，较抗霜霉病、灰霉

图 2-10 无核白鸡心（刘众杰拍摄于山西农科院）

病，但易感染黑痘病和白腐病，8月中下旬到9月上旬成熟，是适合设施葡萄栽培的中早熟、大粒、无核优良鲜食品种。

3. 安艺皇后

欧美杂交种（图2-11，彩图），为巨峰实生苗中选育的品种。果粒倒卵形或近圆形，平均粒重13克，略大于巨峰，果穗圆锥形，平均穗重540克，最大850克。果皮中厚，不易裂果，完熟为红色，非常美观。果肉柔软多汁，肉质和巨峰相近，口感好，风味佳，糖度18%～20%，有玫瑰香味。抗性较强，落花落果较多，易着生无核果粒，适合无核处理，成熟期8月下旬到九月上旬，是一个优质中熟大粒无核化

图 2-11　安艺皇后

品种。

4. 巨峰

欧美杂交种（图2-12，彩图），原产日本，由石原×森田尼杂交培育，果实穗大，粒大，平均穗重600克，平均果粒重12克左右，最大可达20克。果粒近圆形，8月下旬成熟，成熟时紫黑色，果皮厚，果粉多，果肉较软，味甜、多汁，有草莓香味，皮、肉和种子易分离，可溶性固形物16%～18%，品质上等。长势中庸，易丰产，抗病力强，果实较耐储运，多雨年份易裂果。

图 2-12　巨峰

5. 巨玫瑰

欧美杂种（图 2-13），大连市农科院培育。果穗圆锥形，果穗大且穗型整齐，无大小粒现象，平均穗重 675 克，最大穗重 1250 克。果粒整齐，呈鸡心型，平均粒重 9.5～12 克，最大粒重 17 克。避雨栽培萌芽至开始成熟 126～132 天，开始开花至开始成熟 83～93 天，与同园藤稔基本同期成熟，比巨峰早 5～7 天，属中熟。果皮紫红色，果实皮薄，肉

图 2-13　巨玫瑰（张培安拍摄于郑州果树所）

质肥厚，滑润，有浓烈的玫瑰香味，无肉囊，汁多，清香爽口，每果粒含1～2粒种子。可溶性固形物含量19%～25%，品质极佳。抗黑痘病、灰霉病、白腐病、炭疽病力较强，不抗霜霉病。耐储藏，耐运输，且储后品质更佳，是品质极佳的大粒高档鲜食葡萄新品种，也是取代巨峰和所有中熟品种葡萄最理想的更新换代品种，具有广阔的发展前景。

6. 黄金指

欧美杂种（图2-14）。果穗大，穗长20～25厘米，穗宽6～13.5厘米，平均穗重450克，最大穗重750克。果粒中等大，黄白色，平均粒重5.94克，

图 2-14 黄金指（张培安拍摄于郑州果树所）

最大粒重 8.2 克。浓甜，有蜂蜜香。每果粒含 0～3
粒种子，多为 1～2 粒种子。种子与果肉易分离，无
小青粒，可溶性固形物含量为 18％～21％。其抗病
性较强，栽培简单。黄金指具有牛奶品种群品种共同
的特点，即外观奇特、漂亮，风味好，是非常适合设
施栽培的高档的鲜食品种。

7. 藤稔

欧美杂种（图 2-15，彩图），亲本为井川 682×

图 2-15 藤稔（刘众杰拍摄于山西农科院）

先锋，果穗大，圆锥形至圆柱形，着粒紧凑，均重600克，最大1800克。成熟期较巨峰早一周。果粒近圆至短椭圆形，自然粒重12～16克，强化栽培可达18～40克。果实紫红至紫黑色，完全成熟为黑色，光亮，果粉少。肉质肥厚，多汁，可溶性固形物14％～16％，味甜少酸，品质中上等。长势中庸，易丰产，抗病力强，果实不耐储运，过熟后口味变淡。

三、晚熟品种

1. 白罗莎里奥

欧亚种（图2-16，彩图），原产日本，亲本为

图 2-16　白罗莎里奥（张培安拍摄于郑州果树所）

Rosaki×Muscat of Alexandria。果穗多为圆锥形，穗长17～21厘米，穗宽12～15厘米，穗重600～750克，最大可达1500克。果穗大小整齐，果粒着生中等。果粒短椭圆形，纵径2.3～3.7厘米，横径2.3～2.8厘米，单粒重8～10克，最大粒重13克。果皮呈绿黄色至白黄色，皮薄但强韧，不裂果，果肉紧脆，果汁多，绿黄色，味甜有淡玫瑰香味。可溶性固形物含量为20％～21％，含酸量低。每果粒含种子1～4粒，多为2粒。种子梨形，中等大，褐色，喙中等长而较尖。种子与果肉易分离。无小青粒。鲜食品质上等。在张家港8月30日～9月10日浆果成熟。该品种树势旺盛，萌芽迟，易徒长，栽培时应控制肥水，轻剪长放，控制树势。

2. 意大利

欧亚种（图2-17，彩图），又名黄意大利，原产意大利。比坎×玫瑰香杂交而成。果穗圆锥形，均穗重750～1000克，果粒椭圆圆形，均粒重10～12克，果皮中厚，黄绿—金黄色，外观美。肉质硬脆，汁多味浓香甜，含可溶性固形物15％～16％以上，有玫瑰香味，品质极上。成熟期8月下旬至9月上旬，并可延后到10月份采收，是一个优良晚熟葡萄品种。不裂果，较耐储运，但不宜冷藏。

图 2-17 意大利

3. 美人指

欧亚种（图 2-18，彩图），原产日本，亲本为尤尼坤×巴拉底 2 号。果穗圆锥形，无副穗。果穗大，平均穗重 600 克，最大 1750 克。果粒大，粒重11～12 克；果粒细长形，先端紫红色，光亮，基部稍淡。果实皮肉不易剥离，皮薄而韧，不易裂果；果肉脆，无香味，味甜爽口，可溶性固形物 16%～19%。果实耐储运。9 月上中旬成熟，抗病强，适应广，易栽培。

图 2-18　美人指

4. 魏可

欧亚种（图 2-19，彩图），原产日本，亲本为
Kubel Muscat×甲斐路，1998 年品种登录。果穗圆
锥形，平均穗重 450 克，最大穗重 575 克。果粒着生
松，大小整齐，卵形，紫红色至紫黑色，成熟一致。
果粒大，平均粒重 10.5 克，最大粒重 13.4 克。果皮
厚度中等，韧性大，无涩味，果粉厚。果肉脆，无肉
囊，汁多，果汁绿黄色，极甜。每果粒含种子 1～3
粒，多为 2 粒。种子与果肉易分离。可溶性固形物含
量达 20%以上，鲜食品质上等。该品种树势强，结

图 2-19　魏可

果后着色好，稍有裂果，比甲斐路抗病，容易栽培。在江苏张家港地区 4 月上旬萌芽，5 月中下旬开花，9 月中下旬果实成熟，从萌芽至成熟需 170 天左右，极晚熟品种。该品种成熟后挂在树上的储藏期也较长，适合于延迟栽培。

5. 红地球

欧亚种（图 2-20，彩图），原产美国，又名晚红、红提。果穗长圆锥形，重 800 克，最大可达 2500 克；果粒圆形或卵圆形，平均粒重 12～14 克，

图 2-20　红地球（张培安拍摄于郑州果树所）

大者可达 22 克；果皮中厚，暗紫色；果肉硬脆，味甜，可溶性固形物含量 17％，品质极佳。果刷粗长，着生极牢，耐拉力强，不脱粒，特耐运输储藏。北京地区 9 月下旬成熟，是优良的晚熟鲜食品种。

第三章

建　园

葡萄抗逆性强，适应性广，经济效益高。葡萄建园栽植后，就要在此生长几十年，建园标准的高低不但决定葡萄产品的档次和市场定位，而且直接关系投资回报的早晚和高低。下面结合南方葡萄生产实践，提出葡萄高标准建园的关键技术。

一、园地选择

（一）环境条件

拟建园地段的土壤、灌溉用水、大气质量及土壤中重金属含量应符合 NY/5087 的规定。选地应交通便利，水源充足，能满足 1 亩葡萄地全年 300 吨水的需求。园区要求集中连片进行规划。

（二）土壤条件

要求地势较高，通风向阳，无遮阳且平坦；在土壤质地良好、土层深厚、便于排灌的肥沃沙壤土地构建设施；在山区，可在丘陵或坡地背风向阳的南坡梯田构建温室。

二、土壤改良

1. 肥料准备

平地一般每亩需饼肥 300 千克，磷肥 150 千克，腐熟有机肥 3000 千克，秸秆等 1000 千克左右。饼肥与磷肥混合发酵 15 天左右。施用的磷肥，湖区选用过磷酸钙，山丘岗地选用钙镁磷。

2. 整地

（1）平地整地 将准备的底肥均匀撒在定植区后深翻，一般深度 80 厘米，土质疏松的地块 60 厘米。填土起垄栽培，高于周围地面 20～30 厘米。行距应根据设施宽度而定。

（2）山地整地 秋季按等高线挖定植沟，挖沟时将底土与表土分开堆放，沟底分层填入厚约 60 厘米的表土和粗糙有机肥或绿肥，底土移至上层，逐年加以改良。如果是砾石地，在表土层较薄的情况下，须挖定植沟，清除砾石，改良土壤。丘岗坡地定植沟宽 1.0～1.2 米，深 0.8～1.0 米，行距 2.8 米，每行长度根据小区面积而定。

3. 施肥方法

先将已发酵的饼肥、磷肥、腐熟有机肥按各自的 50% 施入沟底，深翻 20 厘米左右，底土与肥要充分拌匀，然后施入锯末屑、稻草等，回填 50% 的土壤以后，再施入已发酵的饼肥、磷肥、腐熟有机肥、硫酸钾复合肥各 50%。再回填剩余的土，将另 50% 的硫酸钾复合肥以定植沟为中心，撒入 1～1.2 米宽的土面，用旋耕机将土与肥拌匀，土壤经旋耕打碎后，再开沟整垅，垅沟宽 30～50 厘米左右，垅脊与沟底落差 40 厘米左右。此项工作需在定植前一个月完成。

三、栽植密度

葡萄生产力（树势，产量和果实品质）最终取决于葡萄树冠的光合能力，与生长季节结合紧密。葡萄栽培意义上的冠层被定义为藤蔓的地上部分（即芽，叶，水果，树干和束带层），为保证植株得到适宜的光照，建园时要注意：平地以南北向为宜，山坡地应按照等高线栽植，栽植密度按架式不同而异（表3-1）。一般南方多雨地区宜采用高宽垂 T 形架、双十字 V 形架、X 型或 H 形大棚架，宜稀植；北方可根据当地习惯灵活采用架式，宜合理密植。考虑到葡萄早期群体丰产，可有计划密植，在行间或株间临时加密，丰产数年后，逐年间伐至适宜密度。

表 3-1　葡萄不同架式适宜栽培密度

架式	行距/米	株距/米	每亩株数/株
单臂篱架	2.0～2.5	0.5～2.0	133～666
双十字 V 形架	2.5～3.5	0.5～2.0	95～533
高宽垂 T 形架	2.8～3.0	1.0～2.0	111～238
小棚架	4.0～5.0	1.0～2.5	55～168
H 形大棚架	6.0～8.0	1.0～3.0	28～111
篱棚架	3.0～4.0	1.5～2.0	83～148

四、葡萄主要架式

光对植物发育的影响比一些其他气候因子或信号程度都更深。像所有植物一样，葡萄使用光作为能源（事实上，作为他们唯一的能源）和信息来源。为满足不同地区、不同地形的需要以及管理模式等的需要，选择最适宜的架式结构尤为重要。生产上多用以下几种架式结构：

(一) 篱架

篱架是最常用的传统架式，这种架式便于管理，适于机械化栽培，由于通风透光好，易获得高品质果品。适于干旱地区以及生长势较弱的品种。

1. 单臂篱架

每行设 1 个架面，架高依行距而定。行距 2 米时，架高 1.2～1.5 米；行距 2.5 米时，架高 1.5～1.8 米；行距 3 米时，架高 2 米左右。行内每间隔 4～6 米设一立柱，柱上每隔 50 厘米拉一道横向铁丝。

单臂篱架有利于通风透光，提高浆果品质，田间管理方便，又可密植，达到早期丰产，适于大型酿造基地园采用，便于机械化耕作、喷药、摘心、采收及培土防寒，节省人力。其缺点是受植株极性生长影响，长势过旺，枝叶密闭，结果部位上移，难以控制；下部果穗距地面较近，易污染和发生病虫害。

2. 双臂篱架（双立架）

架高 1.5～2.2 米，双篱基部间距为 50～80 厘米，顶部间距 100～120 厘米，立柱和铁丝设置与单臂架相同，只是架面增加了 1 倍，结果枝量和结果部位也相应增多，可充分利用行间空地，因此，单位面积产量比单篱架提高 80% 左右。双臂篱架的缺点是架材用量较多，修剪、打药、采收等田间作业不便；枝叶密度较大，光照不良，果实品质不如单臂篱架好，且易感病虫害。目前，双臂篱架栽培方式逐渐减少。

3."T"字形架（篱棚架结合式）（图 3-1）

架高 1.5～2.0 米，在立架面上拉 2～3 道铁丝，

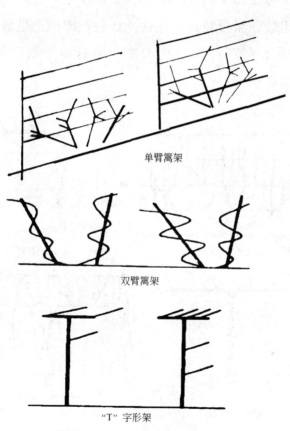

单臂篱架

双臂篱架

"T"字形架

图 3-1 不同篱架类型（陈珂；王晨绘制）

间距 40～50 厘米，棚面宽 0.8～1.0 米，横拉 4 道铁丝。"T"形柱每隔 4 米 1 根，要求牢固。这种架式通风透光好，病虫害较轻，适于无强风地区，较单臂篱架可增产，并缓和树势，适于机械喷药、夏剪等作业。

适合单臂篱架的树形主要是多主蔓扇形树形，该树形的特点是从地面上分生出 2～4 个主蔓，每个主蔓上又分生出 1～2 个侧蔓，在主侧蔓上直接着生结果枝组或结果母枝，上述这些枝蔓在架面上呈扇形分布。适合"T"字形架的树形主要有单干单臂树形、单干双臂树形。（图 3-2）

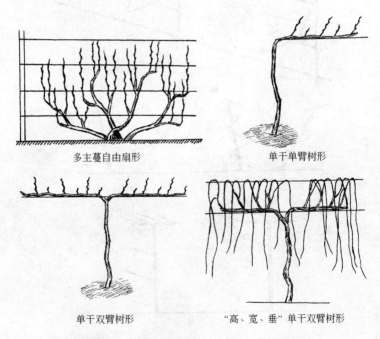

多主蔓自由扇形　　　　　　　　单干单臂树形

单干双臂树形　　　　　　"高、宽、垂"单干双臂树形

图 3-2 适合篱架的葡萄树型（许瀛之；房经贵绘制）

4.双十字"V"形架（图 3-3）

双十字"V"形架栽培方式由于叶幕呈 V 字形，与棚架和单篱架相比较，具有叶幕层受光面积大、光合效率高、萌芽整齐、新梢生长均衡以及通风透光好等优点。双十字"V"形架枝蔓成行向外倾斜，方便整枝、疏花、喷药等管理工作，有利于计划定梢定穗、控产，从而提高了产品质量，有利于实行规范化栽培。缺点是产量不如棚架高。目前，双十字"V"形架已经在藤稔葡萄上已取得较好的效果。生产实践证明这种架式具有先进性，是当今国内新型的实用架式，有良好的推广应用前景。

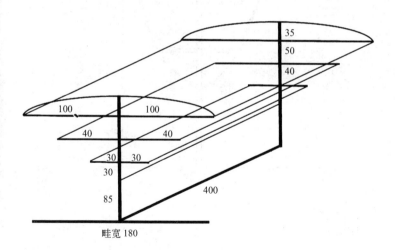

图 3-3 双十字"V"形架简易避雨小拱棚示意图（许瀛之，贾海锋绘制）

（单位：厘米）

双十字"V"形架的建立比棚架简单，在篱架的水泥柱上 105 厘米和 140 厘米处各设横梁一根，下横梁长 60 厘米，上横梁长 80～100 厘米，并在水泥柱 80 厘米处拉 2 道铁丝。两根横梁的两端各拉一道铁丝，共拉 6 道铁丝即成。这是篱架与"V"形架的复合形式。采用扇形整枝，效果良好，克服了水平整枝易折断枝的缺陷（图 3-4）。

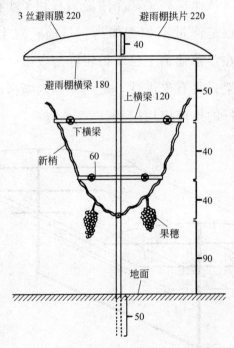

图 3-4 单干双臂"V"形架简易避雨棚结构示意（许瀛之，管乐绘制）

（单位：厘米）

（二）棚架

在立柱上设横杆和铅丝，架面与地面平行或略倾斜，葡萄枝蔓均匀绑缚于架面上形成棚面。主要架形有倾斜式、屋脊式、连叠式和平顶式。适合棚架栽培的葡萄树形主要有独龙干树形、双龙干树形、"H"形树形和"X"形树形等。

1. 小棚架（图3-5）

架长多为5～6米，架根（靠近植株处）高1.2～1.5米，架梢高1.8～2.2米。因其架短，葡萄上下架方便，目前在我国防寒栽培区应用较多。其主要优点是：适于多数品种的长势需要，有利于早期丰产；枝蔓仅5～6米长，上下架容易，操作方便；主蔓较短，容易调节树势，产量较高又比较稳产，同时，更新后恢复快，对产量影响较小，架材容易选取等。

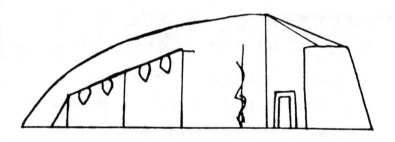

图 3-5　日光温室内的倾斜式小棚架（陈珂；上官凌飞绘制）

2. 大棚架（斜坡式大棚架）（图3-6）

架长7米以上者称为大棚架，在我国葡萄老产区和庭院应用较多，近根端高1.5～1.8米，架梢高2.0～2.5米，架面倾斜。架长按品种长势或特殊需

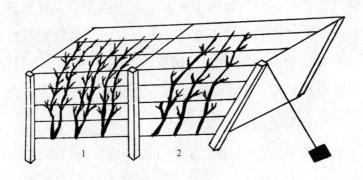

图 3-6 大棚架（许瀛之，王晨绘制）

1—双龙蔓整枝；2—单龙蔓整枝

要而定。

3. 水平式棚架（图 3-7）

水平式棚架，是把葡萄园一个作业小区 10～20 亩面积的棚架面呈水平状联结在一起。实际就是将数排小棚架或大棚架联结在一起的架式，但没有倾斜坡度。架式结构：架高 1.8～2.2 米，每隔 4～5 米设一支柱，呈方形排列，支柱高 2.2～2.5 米。周围边柱较粗，横截面积为 12 厘米×12 厘米，呈 45 度角向外倾斜埋入地内，并利用锚石使立柱和其上的牵引骨干线拉紧固定。要应用紧线器进行拉紧。周围的骨干线负荷较重，可用双股 8 号铁丝，内部骨干线用单股 8 号铁丝，其他纵横线、分布在骨干线之间的支线用 12 号铁丝，支线间距离以 50 厘米为宜。这种架式，

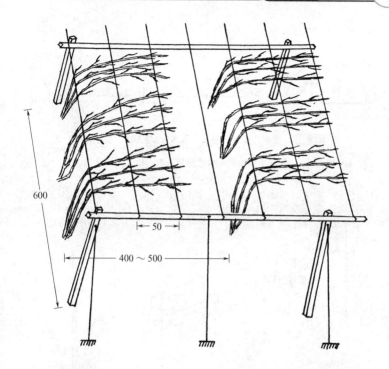

图 3-7 水平式棚架（单位：厘米）（许瀛之，房经贵绘制）

多在平地利用。

4. 屋脊式棚架（图 3-8）

屋脊式棚架，是由两个倾斜式小棚架或大棚架相对头组成，形似屋脊而得名。其优点是可省去一排高支柱，而且架式牢固，其他与大小棚架相同。

（三）兼具生产与观赏性的葡萄新树形

1. 改良"Y"型葡萄架式

"Y"型架（图 3-9）是目前世界范围内广为使用

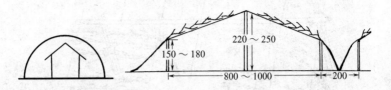

图 3-8 屋脊式棚架（单位：厘米）（许瀛之，管乐绘制）

左：塑料大棚内的屋脊式棚架；右：屋脊式棚篱架

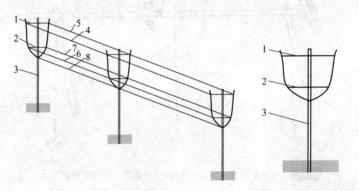

"Y"型葡萄架线状物连接结构示意图   "Y"型葡萄架纵剖面图

图 3-9 改良"Y"型葡萄架示意图（郑婷，房经贵绘制）

1～8—葡萄架线状物的排列顺序，为铁丝与葡萄架

的葡萄架之一，一般架高 1.8 米左右，横档宽 80～
120 厘米，葡萄枝条舒展，采光与通风效果有保障，
病害的发病率低。随着观光产业与果树采摘业的发
展，对葡萄种植过程中的架势选用、果实品质、果穗
着生位置以及葡萄园观赏性等都有了更高的要求，基
于此，南京农业大学房经贵课题组连续 3 年对葡萄

"Y"型架进行改造与试验，研发出了改良"Y"型葡萄架式，通过结果枝的固定、枝条开张角度确定、果穗的选留等措施使每行葡萄植株上的花序或果穗处于同一水平线上，使葡萄架整体观赏性有了明显提高，达到在保证"Y"型果实产量、品质的基础上提高葡萄树体的观赏性的效果，是一种集省力、美观、优质为一体的高观赏性的栽培架型，命名为"改良'Y'型"。（图3-10）

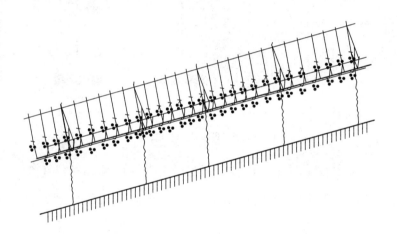

图 3-10 改良"Y"型瘦身葡萄架结果效果图（郑婷，房经贵绘制）

2. "品种混种，立体栽培"葡萄架式（图3-11）

葡萄"品种混种、立体栽培"新模式，是结合葡萄产业及现代观光农业的需求，通过2个"Y"型瘦身葡萄架式上下层组合后得以实现的。（图3-12，彩图）通过品种的搭配种植、结果枝的固定、枝条开张

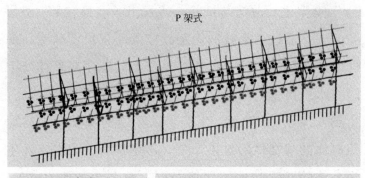

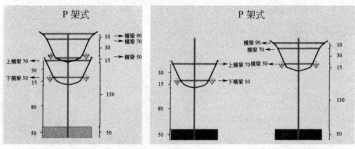

图 3-11 "品种混种，立体栽培"葡萄架式结果效果图和剖面图

(郑婷，房经贵绘制)（单位：厘米）

角度确定、果穗的选留等措施，使每行葡萄植株上的花序或果穗处于同一水平线上，使葡萄架整体观赏性有了明显提高，达到了产量、质量与观赏性并重的效果。"品种混种，立体栽培"葡萄新架式在原有"Y"型的基础上加以改良，提供了一套全面的以结果带为特色的采光带、通风带、结果带"三带"亲密结合的生长条件，保证了葡萄的光合作用，有利于改善果品的质量，并将所有果品集中，是一种集省力、美观、优质为一体高观赏性的栽培架型。

图 3-12 "品种混种，立体栽培"葡萄生产效果图（纠松涛拍摄）

　　该模式的水泥柱高度需达 3.0 米，埋入地下 0.6 米，使得上下两层葡萄能有足够的立体生长空间。"当下面那层葡萄苗长至离地面 0.7 米时，藤蔓开始定干分枝，将藤蔓的 2 个分枝沿铁丝双向水平固定，每年待新梢抽生花序后，将新梢均匀地在绑缚在铁丝上，通过基部开张、上部枝条收拢，使得果穗充分外露。"关于新架式的结构，房经贵说，下面那层横杆距离地面约 85 厘米。"接着从下面那层横杆往上约 35 厘米处再加一根横杆，用来绑缚新梢，使其能够保持生长整齐，然后在上层横杆上部再留约 20 厘米。"上面那层葡萄操作模式与此相同。为保证葡萄能进行良好的光合作用，有充足的养分供给，确保品质和产量，该模式要求，上下两层葡萄的结果枝在花序上部叶腋处保留 3～4 个副梢，每个副梢上保留 1～2 片叶，加上原本结果枝上着生的叶片，一共约 16 片叶。"这样既保证了产量，也能控制下层新梢生长来预防上下结果层的交叉干扰。"

　　当两层种的是同一个葡萄品种时，该模式葡萄产量是传统"Y"型架式的 1 倍，相当于种了 2 亩葡萄。传统"Y"型架式，亩产葡萄 2000 公斤，按市场价 10 元/公斤算，亩产值 2.0 万元，去除土地流转费 1500 元、人工成本 1000 元、农资成本 1500 元，每亩纯收入 1.6 万元；该模式亩产葡萄 3000 公斤，按市场价 10 元/公斤算，亩产值 3.0 万元，去除土地流转费 1500 元、人工成本 2000 元、农资成本 2500 元，每亩纯收入 2.4 万元。该模式比传统 Y 型架式增收 8000 元/亩。

(四) 两种温室葡萄促成栽培模式

1. 温室葡萄矮化促成栽培模式

选择生长健壮的葡萄植株于第一年 11 月份按照株距 0.5 米，行距 1 米定植，第二年 6 月份左右定干，在葡萄离基部 20~30 厘米处进行摘心处理。定干后，进行正常土肥水管理和病虫害防治；初冬落叶后留 2 个芽进行短枝修剪，经过一段时间休眠后，于元旦前催芽。第三年春天萌发出新稍后，保留 4 条新稍分别将其绑缚在两侧的铁丝上，每个结果枝生长到 12 片叶时反复摘心。若为了降低树体高度，也可保留 10 片叶，并多保留多个副稍，每个副稍 1~2 片叶摘心，确保果实发育的营养供给；果实采收后（6 月份之前），剪去枝条和叶片，促发新稍生长，保证新稍上着生芽的良好发育，并形成饱满的芽眼，以确保下一季萌发健壮的结果枝，此后每年的管理工作基本上重复进行。（图 3-13，彩图；图 3-14）

2. 温室葡萄高干促成栽培模式

选择生长健壮的葡萄植株于第一年 11 月份按照

图 3-13　修剪前植株状以及修剪后葡萄植株生长状况

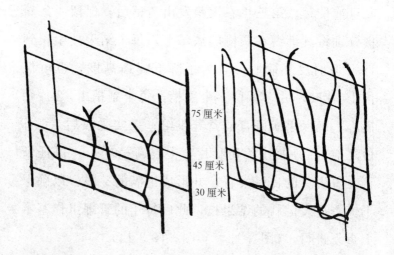

图 3-14　修剪后葡萄架式以及修剪前葡萄架式图 (陈珂，贾海锋绘制)

株距 1 米，行距 2.5 米定植，第二年 6 月份左右定干，在葡萄离基部 160～165 厘米处进行摘心处理。定干后，进行正常土肥水管理和病虫害防治；秋季 11 月中旬叶子枯萎后留芽进行短枝修剪，并盖膜保温，打破休眠并催芽。12 月萌发出新稍后，保留 4 条新稍，分别将其绑缚在两侧的铁丝上，每个结果枝生长到 12 片叶时反复摘心。若为了树体高度，也可保留多于 12 片叶，并多保留多个副稍，每个副稍 1～2 片叶摘心，确保果实发育的营养供给；果实采收后（4 月份之前），剪去全部枝条和叶片，促发新稍生长，保证新稍上着生芽的良好发育，并形成饱满的芽眼，以确保下一季萌发健壮的结果枝，此后每年的管理工作基本上重复进行。（图 3-15，彩图；图 3-16）

图 3-15 修剪后前植株状以及修剪后葡萄植株生长状况

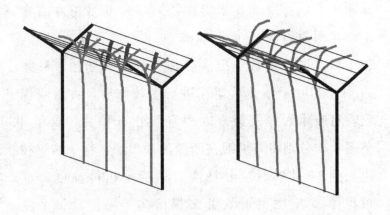

图 3-16 修剪后葡萄架式以及修剪前葡萄架式图（陈珂，王晨绘制）

五、苗木选择与栽植

选择当地适宜品种，最好用无病毒苗木，苗木要健壮整齐，芽眼饱满，根系发达且无病虫危害。有条件的可利用塑料袋等容器培育苗木一年后再行栽植，保证栽植时苗木健壮整齐，将有利于提早投产年限。上海等南方地区秋栽以 11 月中旬至 12 月中旬为宜，最好有越冬保护，以避免低温风干；春栽以 2～3 月初为宜。

六、栽植方法

1. 年降水量在 800 毫米以上的平原地区建园

最新研究表明，沟穴栽植方法在多雨的南方地区会有许多弊病，主要表现在控制肥水吸收方面比较困难，这是影响葡萄果实品质提高的主要因素之一。比较科学的建园方式是垄式栽培结合明、暗渠排水。土垄厚度 80～100 厘米，垄内行间开设 30～50 厘米深的明沟，垄间开设 50 厘米深的园内排水沟，有条件时垄内可以埋设暗渠。

2. 山坡、丘陵地建园

在山坡、丘陵地建园，特别是土壤耕层薄、下层有砾石的山地建园时，要采用传统的沟穴栽植方法。挖掘 60 厘米深，1.0 米^2 左右的定植穴或沿等高线挖掘深 60 厘米、宽 60 厘米的定植沟，将腐熟完好的畜粪 50～100 千克/株（外加磷肥 1 千克左右，尿素0.5 千克）和 3～4 倍量的耕层土壤混匀后填入，当穴或沟被填到 10～15 厘米深时，按照株距，将提前准备好的苗木栽入。定植后浇一次透水，在树旁立竹竿等支柱固定树干。穴面用稻草等秸秆或地膜覆盖，以保持土壤湿度和良好结构。

七、栽后管理

及时绑缚，萌芽后根据预定树形选留 1～2 个生长强旺的新梢，其余芽全部抹去。当新梢长度达到12 片叶时摘心。摘心点下的第一副梢长出 5～6 片新叶时再次摘心，以此类推，直至停长为止。其他副梢一律留 1～2 叶摘心，每隔 10～15 天摘心一次。一般新建果园最好能在冬季或苗木栽植后尚未发芽前全园喷施一次 3～5 波美度的石硫合剂（由 1 份块状石灰、1.5～2.0 份硫黄和 10～13 份水混合熬制而成），有利于杀菌及杀灭虫卵。

第四章

设施葡萄整形修剪

葡萄苗的整形修剪是葡萄栽培中的一项重要技术措施。葡萄植株在自然状态或放任不管的条件下，枝蔓随意生长、结果少、品质差、经济效益低。只有通过人工整枝造型，才能使枝蔓合理布满架面，充分利用阳光和生长空间，达到立体结果。树体经过整形修剪，培养一种合适的树形构造，使树体能有良好的叶幕层、最大的有效叶面积、良好的光照条件，从而使葡萄果树不仅高产，而且能持续稳产、优质。

一、修剪依据

1. 葡萄园的立地条件

立地条件不同，生长和结果的表现也不一样。在土质瘠薄的山地、丘陵或河、海沙滩地，因土层较薄，土质较差，肥力较低，葡萄枝蔓的年生长量普遍偏小，长势普遍偏弱，枝蔓数量也少。这些葡萄园，除应加强肥水综合管理外，修剪时应注意少疏多截，修剪量可适当偏重，产量也不宜过高；在土层较厚、土质肥沃、地势平坦、肥水充足的葡萄园，枝蔓的年生长量大，枝蔓多，长势旺，发育健壮，修剪时可适当多疏枝，少短截，修剪量宜适当轻些。

2. 栽植方式和密度

架式和栽植密度不同，修剪方法也不一样。棚架葡萄，定干宜高；篱架葡萄，定干宜低；冬季严寒，需下架埋土防寒地区的葡萄，为埋土方便，可以不留主干；为获得葡萄早期丰产，初期栽植密度宜大，枝蔓留量宜多，郁闭时再进行移栽或间伐。

3. 管理技术水平

管理水平不高，肥水供应不足，树体长势不旺，枝蔓数量不多的葡萄园，整形修剪的增产作用是很难发挥的。这类葡萄园，如为追求高产，轻剪长放，多留枝蔓、果穗，就会进一步削弱树势，造成树体早衰、减少结果年限；如管理水平较高，树体长势健壮，枝蔓数量充足，则修剪的调节和增产作用，可以得到充分的发挥，而获得连年优质、丰产。

4. 品种特性

葡萄的种群和品种不同，结果年限的早晚以及对修剪的反应是不一样的。因此，修剪时，应根据不同种群、品种的生长结果习性，以及不同架式，采取不同的修剪方式，不能千篇一律，以便获得理想的修剪效果。

5. 树龄和树势

葡萄的树龄不同，枝蔓的长势强弱也不一样：幼龄至初果期，一般长势偏旺；进入盛果期后，长势逐渐由旺而转为中庸；进入衰老期后，则长势日渐变弱。修剪时应根据这一变化规律，对幼树和初果期树，适当轻剪，多留枝蔓，促进快长，及早结果；对盛果期树，修剪量宜适当加重，维持优质、稳产；对衰老树，宜适当重剪，更新复壮。

6. 修剪反应

葡萄的种群、品种和架式不同，对修剪的反应也不一样。判断修剪反应，可从局部和整体两个方面考虑。局部反应是根据疏、截或其他修剪方法，对局部枝蔓的抽生状况和花芽形成等进行判断；对整体的判断，则是根据树体的总生长量，新生枝蔓的年生长量，枝蔓充实程度，果穗的数量及质量，以及果粒的大小等等进行判断。各种修剪方法，运用是否得当，修剪量的大小和轻重程度是否适宜，可以通过各种修剪方法的具体反应，加以判断和改进。

二、树形

1. 无主干篱壁形

北方地区应用较多的是无主干篱壁形，对于需要埋土越冬的北方地区来说，这是一种合理的树形。主要有各种扇形、单层或双层水平整枝等树形。这类架形的典型特点是沿行向设置 3～5 道固定在水泥桩上的铅丝，将侧蔓或结果母蔓水平或倾斜固定在铅丝上，新梢则斜向上牵引到架面上，形成篱壁形叶幕（图 4-1，彩图）。

图 4-1　葡萄篱架整枝

2. "Y"字型树形

这是南方地区部分葡萄园，特别是避雨设施内采用的一种树形。主蔓或结果母蔓沿第一道铅丝水平牵引，新梢则左右交互向两侧牵引，形成 60 度左右夹角的"Y"字型叶幕。光照条件均匀，果粒上色好，糖度高（图 4-2，彩图）。

3. 宽顶龙干形

在我国南方多雨地区可应用。在 150～170 厘米左右高的水泥桩顶端加横梁，呈"T"字型（图 4-3），在横梁上拉 5 道铅丝，中间的铅丝用于固定主蔓，两侧的各 2 道铅丝则用于新梢的牵引和隧道式避雨棚的固定。新梢横向两侧水平牵引，并自然向

图 4-2 葡萄 "Y" 字型树形

图 4-3 葡萄 "T" 字型树形

下垂吊，形成"巾"字形叶幕。新梢生长缓慢，适合于留单芽或痕芽的超短梢修剪。

4. "H"字型树形

适用于短梢修剪的棚架树形，在露地和设施大棚内均有应用。采用 1 主干，4 主蔓成"H"型（图 4-4，彩图），主蔓间距 2～2.5 米，主蔓长 5～7 米，[株行距（10～14)米×5 米]，亩栽 12 株，结果母枝间距 20～25 厘米，结果母枝留 1 芽或 2 个芽，每亩留结果枝 960～1680 个。葡萄"H"型树型整形操作非常简单，一般 2 年就能成形，长势好、肥水足的植株当年就能成形。一般 5～6 米宽的大棚在棚中间定植 1 行葡萄苗。定植株距根据品种特性灵活掌握，最终生长势旺的品种株距为 10～14 米，生长势弱的品种株距为 8 米左右。为提早获得产量，可以适

图 4-4　葡萄"H"树形

当密植，将株距为 1～3 米，第二年植株结果后隔株去株，第三年结果后在隔株去株，最终使株距达到预定目标。

5. "X"字型树形

这是适合水平棚架长梢修剪的一种树形，在我国江苏镇江等地巨峰系葡萄栽培上应用较广。在生长旺盛，树势难以平衡的品种上应用效果较好，修剪宜用长梢修剪。该树形从地面单干直上，距棚面 130～150 厘米处开始分二叉，每叉伸展离中心 200 厘米，再各分两个主枝，共四个主枝，俯视呈 "X" 型（图 4-5）。每主枝上再适度选留侧枝 2～4 个，侧枝上再适度选配结果母枝，新梢则水平牵引至棚面绑缚。各主枝按其形成的早迟所占架面面积不同。一般第一主枝占有架面约 36%，第四主枝最后形成，仅占架面的 16%，其余两大主枝各占约 24%。该树形密度较小，每公顷约 45～60 株。

"X"连棚架整形

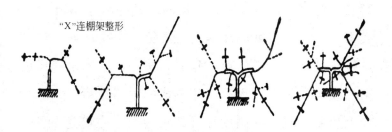

图 4-5　葡萄 "X" 型整枝（陈珂，王晨绘制）

"X"字型树的不足在于整形技术要求较高，容易出现主从不明，树形紊乱，且修剪比较灵活，不易操作管理。但成型后树势中庸，冠内光照条件好，产量稳定，果实糖度高，上色好。在生长季多雨潮湿的南方地区应积极推广。

三、几种主要树形的整形

1. 无主干篱壁形整形

定植时，根据枝条粗细，每株留3～5芽短截。在定植后第一年，从地面附近可培养出3～4个新梢作为预备主蔓，副梢留2～3叶连续摘心。秋季落叶后，将其中较粗的1～2个一年生枝留50～80厘米短截，而较细的1～2个留2～3芽进行短截。到了第二年，前年长留的一年生枝，当年可抽出几个新梢，秋季落叶后，选留其中顶端粗壮的一年生枝作为延长蔓而进行长梢修剪，其余的留2～3芽短截，以培养枝组，从而形成1～2个主蔓。而前年短截的枝条，到第二年可以长出1～2个较长的新梢，秋季落叶时选其中一个较为粗壮的作为第二或第三主蔓培养，对其进行长梢修剪，进入第三年后，按上述原则培养形成第二或第三主蔓，而第二年形成的主蔓在第三年继续向上延伸到规定的高度标准即可。第一主蔓达到3～4个枝组时，树形基本完成。由此可看出，常规篱架扇形树整形需 3～4 年时间。实际生产中，通过夏季摘心和副梢的利用，也可使整形年限适当缩短。

2. "Y" 字型树形整形

定植当年，嫁接口上留 2～3 芽短截。对于扦插苗，定植后则在苗干中上部饱满芽处短截。发芽后留一个生长势最强的新梢，立毛竹等作支柱，垂直牵引，其余则抹除。所有副梢均留 1～2 叶连续摘心。8 月中下旬，主梢摘心促进新梢老熟。如采用双臂 "Y" 字整枝，则在苗木生长势强旺时，可在嫁接口上 70～80 厘米处选留一个强旺副梢培养成另一个主蔓，同样，8 月中下旬摘心促进老熟。第二年将所培养的主蔓水平牵引至 80 厘米高度固定。发芽后，以 10 厘米左右的间距选留新梢，左右交互斜向上牵引，呈 "V" 字型。采用短梢修剪，但必须采用双枝更新等方式每年进行结果母枝的更新，防止新梢发生部位远离主蔓。对成花比较容易的品种，可进行超短枝修剪，可省去更新结果母枝之劳。"Y" 字型树形还要注意及时更新主蔓，在主干上部或主蔓后部培养、选择强壮的新梢，冬季修剪时牵引至水平，培养成新的主蔓。

3. "T" 字型树形整形

定植发芽后，选留 1 个新梢，立支架垂直牵引，抹除高度 1.5～1.7 米以下的所有副梢，待新梢高度超 1.6～1.8 米时，摘心（预设架面高度 1.8 米时摘心至 1.5 米，预设架面高度 2.0 米时摘心至 1.7 米）。从摘心口下所抽生的副梢中选择 2 个副梢相向水平牵引，培育成主蔓。从主干上部选留的 2 个一级副梢水平牵引后培养成主蔓，主蔓保持不摘心的状态持续生长，直至与邻行的主蔓接头后再摘心。主蔓叶腋长出的二级副梢一律留 3～4 片叶摘心。此次摘心非常重要，可以促使摘心点后叶腋的芽发育充分，形成花芽，供第二年结果。同时此次摘心还可以避免二级副梢生长造成的养分过度消耗，促进主蔓快速生长，并保证主蔓叶腋间均能发出二级副梢，使主蔓的每 1 节在定植当年都能培养出结果母枝，为定植第 2 年夺取丰产期产量奠定基础。二级副梢摘心留下的 3～4 个叶片的叶腋间大体均可萌发出三级副梢，抹除基部 2～3 个三级副梢，只留第 1 个芽所发的三级副梢生长，适时绑缚牵引，使其与主蔓垂直生长，形成结果母枝。在结果母枝长度达到 1 米左右后留 0.8～1 米时摘心，摘心后所发四级副梢一律抹除。只要肥水充足，大体可以保证定植当年每米主蔓形成 9～10 个结果母枝（三级副梢），因此促使主蔓（二级副梢）快速延伸和主蔓叶腋每 1 节都能发出结果母枝（三级副梢）的关键措施是充足的肥水供给。

当年 12 月至次年 2 月上旬前完成结果母枝的修剪，结果母枝一律留 1～2 芽短截（超短梢修剪）。对成花节位高的品种，则采用长梢与更新枝结合的修剪。即长留一个母枝（5～8 芽）时，在其基部超短梢修剪一个母枝作预备枝。定植第二年从超短梢修剪的结果母枝上发出的新梢（结果枝），按照主蔓每 20cm 左右的间距选留 1 个新梢（结果枝）选留、与主蔓垂直牵引、绑缚。定植第二年新梢一般会着生 1～2 个花穗，按照平均每个新梢留 1 穗的原则，疏除过多花穗。

4. "H"字型树形整形（图 4-6）

春季葡萄苗定植后，采取薄肥勤施的方法促进苗木迅速生长，在此过程中除保留前端 3～4 个一次夏芽副梢外，及时除去其他一次夏芽副梢，以增进主干生长，为"H"形整形修剪奠定基础。当苗木主干生长到达水平棚架架面上时，留靠近架面的 2 个一次夏芽副梢并将主干摘心，以促进所留一次夏芽副梢生长，并以"一"字形方式将 2 个一次夏芽副梢绑扎于架面上。在此过程中除保留一次夏芽副梢上前端的 3～4 个二次夏芽副梢外，及时除去其他二次夏芽副梢，以增进一次夏芽副梢生长。当 2 个一次夏芽副梢生长到达 1.2～1.5 米时（依品种长势而异），各留靠

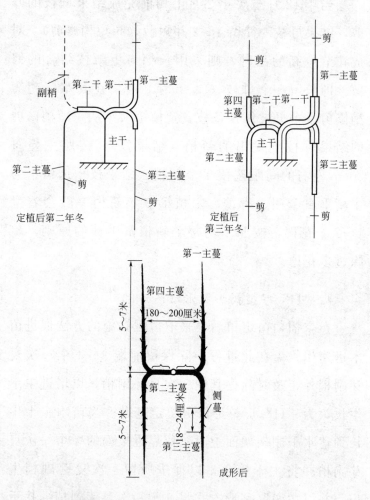

图 4-6 "H" 形整枝过程（许瀛之，上官凌飞绘制）

近一次夏芽副梢前端的 2 个二次夏芽副梢并将一次夏芽副梢摘心，以促进所留二次夏芽副梢生长，并按与一次夏芽副梢生长方向垂直的方向以"一"字形方式将 2 个二次夏芽副梢绑扎于架面上。在此过程中除保留二次夏芽副梢上前端的 3～4 个 3 次夏芽副梢外，及时除去其他三次夏芽副梢，以增进二次夏芽副梢生长。通过上述 3 个步骤，"H"形形状已成，至冬季修剪时，根据品种的成花习性，确定二次夏芽副梢的剪留长度与粗度，作为结果母蔓保留，为来年丰产提供保障。第 2 年春季当结果母蔓冬芽萌发后，按与结果母蔓方向垂直的方向以"一"字形方式将结果枝绑扎于架面上。其他枝蔓、花果等管理同葡萄常规栽培技术。

第 2 年冬季根据品种特点，对当年的结果枝进行不同长度的修剪，作为下年度的结果母蔓保留，结果母蔓在架面上的绑扎方向与上年冬季保留的结果母蔓同向。根据大棚棚体和水平网架的结构，葡萄主干高度为 1.8 米，在水平网架上的 2 个一次夏芽副梢沿单棚宽度方向"一"字形绑扎，每个一次夏芽副梢长度为距离主干 1.5 米；4 个二次夏芽副梢沿单棚长度方向"一"字形绑扎，每个二次夏芽副梢长度为距离主干 1.8～2 米。

5. "X"字型树形整形（图 4-8）

"X"字树形是适合水平棚架长梢修剪的一种树形，在日本山梨、长野和我国江苏镇江等地的巨峰系

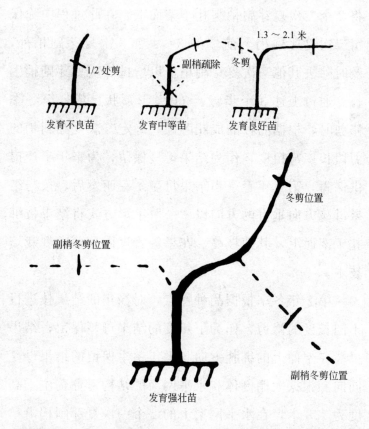

图 4-7 各种苗木定植后的副梢处理和冬季修剪方法（陈珂，上官凌飞绘制）

葡萄栽培上应用较广。在生长旺盛、树势难以平衡的四倍体上应用效果较好，宜用长梢修剪。

定植后第一年，发芽后在苗木上部选留长势旺盛的一个新梢垂直牵引、绑缚到立柱上，新梢上所发副梢留 2～3 叶摘心，但在 130～150 厘米范围的副梢，可以选择方位合适、生长势强壮的副梢斜向上牵引。

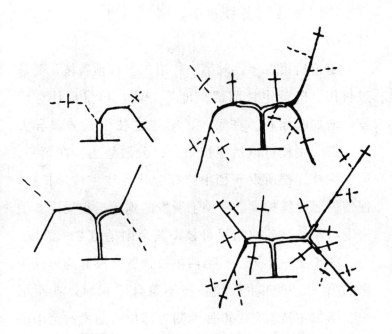

图 4-8　"X"字形的整枝过程（陈珂，房经贵绘制）

新梢延伸至 180 厘米以上时，在选留有强旺副梢的位置上部弯曲牵引至水平状态作第一主枝预备枝，该副梢也在同样高度向相反方向弯曲，作为第二主枝预备枝。对牵引至水平的两个主枝上的副梢，原则上留 2～3 叶摘心，但如果生长势强壮，可在距主枝基部 200 厘米部位附近选留一强旺副梢，作为第三、第四主枝预备枝培养。到 8 月下旬至 9 月上旬，所有主、副梢都要摘除梢端 3～4 厘米幼嫩部位，以促进主、副梢的充实和成熟。落叶后至 12 月底以前，所有成熟良好的主、副梢留 2/3 的长度短截。如果选出的第

三、第四主枝预备枝过弱，则可留 2～3 芽短截。（图 4-7）

　　定植后第二年，对第一、第二主枝预备枝，要通过目伤、降低主枝前部高度等方法，尽量促使芽萌发，增加叶面积。在第一、第二主枝生长势差异大时，第一主枝可以适当挂果，以分散势力。在第一、第二主枝先端所发新梢中选择健壮者作主枝延长枝，促使树冠继续扩大。新梢上所发的副梢，视周围新梢密度可释放培养成结果母枝，其余副梢留 2～3 叶摘心。如果上一年第三、第四主枝预备枝没有选出或选出的第三、第四主枝预备枝不符合要求时，在距第一、第二主枝基部 200 厘米附近部位所萌发的新梢中选择方位合适、生长势强旺的斜向上牵引，作为第三、第四主枝预备枝培养。对第三、第四主枝预备枝上所发副梢留 2～3 叶摘心，以促进主枝预备枝的健壮生长。第一、第二主枝在 200 厘米附近弯曲，分别与第三、第四主枝成 100 度～110 度角向前延伸。强旺的新梢和副梢在 8 月下旬、中庸新梢和副梢在 9 月中下旬摘心，促进充实、成熟。冬季修剪在 12 月中旬前完成，健壮强旺新梢留 20～30 芽剪截，中庸新梢留 10～15 芽剪截，2～3 芽的副梢也可不进行剪截。

　　定植第三年，重点培养第三、第四主枝，继续培养第一、第二主枝。对第三、第四主枝，要通过目伤、降低主枝前部高度等方法，尽量促使芽萌发，增加叶面积。在第三、第四主枝先端所发新梢中选择健壮者作为主枝延长枝，促使树冠继续扩大。新梢上所发的副梢，视周围新梢密度可适当培养成结果母枝，其余副梢留2~3叶摘心。第一、第二主枝的新梢管理同第二年，同时通过挂果来平衡各主枝间的势力。挂果量视新梢生长势而定，强旺新梢留两穗、中庸新梢留一穗、弱小新梢全部疏除。冬季修剪同第二年，避免过重修剪，尽量多留芽、多发枝，保持地上部和地下部、主枝间的势力平衡。经过3~4年后，整形基本完成。定枝6年以后，侧枝、结果枝组基部已经很粗，占有空间相当大，侧枝间、枝组间重叠严重，生长、结实性能下降，要及时疏除更新。

四、修剪

葡萄的修剪可以分为冬季修剪和夏季修剪。

（一）冬季修剪

冬季修剪的目的对幼树来说主要是为了培养成一定的树形和促使其早结果，对成龄树则主要是为了维持已培养成了的树形、调节树体各部分之间的平衡、调节生长与结果间的矛盾、及时更新复壮和保持结实能力。（图4-9）

在埋土防寒地区应在落叶后或第一次早霜降临前

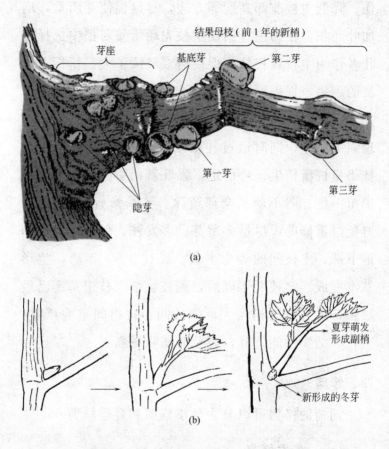

图 4-9　各部位芽名称（许瀛之，贾海锋绘制）

后进行冬剪，如果栽培面积较大，往往因埋土防寒开始较早而提前进行修剪。在不埋土防寒地区，冬剪应在落叶后树体养分充分回流之后到第二年树液开始流动前，多在 1 月至 2 月上旬内冬剪。冬剪过迟易造成伤流。因此，在临近伤流开始期和整个伤流期内不宜进行修剪和复剪，并忌造成新的伤口。

1. 短梢修剪和超短梢修剪

为了防止结果部位的外移而远离主枝或侧枝，冬季修剪时，对成熟的一年生枝留1～3节修剪的方法，称作短梢修剪（图4-10），适合于龙干形整枝的修剪。对白玫瑰香、先锋、康拜尔早生等品种仅留一个芽或基芽修剪，这种极重修剪又称为超短梢修剪（图4-11，彩图）。超短梢修剪具有简单易学，便于普及的优点，但修剪极重，来年新梢生长势容易过强，引起落花落果。

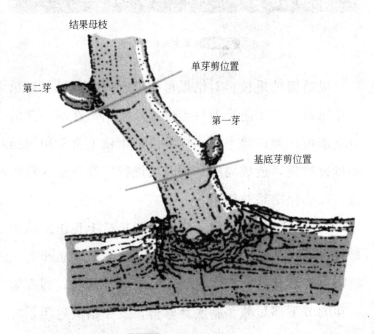

结果母枝

单芽剪位置

第二芽

第一芽

基底芽剪位置

图4-10　葡萄短梢修剪方法

图 4-11 葡萄短梢修剪

　　成龄树结果枝：对结果母枝上所发的结果枝留第一芽短截，为了防止剪口干燥导致干枯，在前一芽的节下部剪，剪口要平齐。树龄大，主枝上常常出现结果母枝缺损，造成局部空干时可进行 2 芽甚至 3 芽短截，以确保结果枝树量。

　　幼龄树结果枝：前一年主枝延长枝上长出的结果母枝，第一节往往较长，为了防止结果部位远离主枝，在基底芽发育充实时，可行基底芽修剪，即在第一芽的节下部短截。基底芽修剪，发芽稍微迟缓，容易造成新梢生长势的不均衡，需谨慎使用。

2. 中长梢修剪

冬剪时，对成熟的一年生枝留 4 芽以上的修剪（表 4-1）称为中长梢修剪（图 4-12，彩图），适合于篱壁形整枝和"X"形整枝的修剪方法。其中留 4～6 芽的修剪称为"中梢修剪"，留 6～9 芽为"长梢修剪"。在日本长野和爱知等葡萄产区，对先锋、巨峰等四倍体品种采用超长梢修剪，一般中庸枝留 10～15 芽，对一些粗壮的一年生枝，甚至留 30～35 芽。

表 4-1　长梢修剪和短梢修剪的优缺点（1985 年，山部馨）

	长梢修剪	短梢修剪
优点	①树冠扩展迅速，及早布满架面。 ②可根据树体长势强弱，自由调节剪枝强度。 ③可均衡利用整个架面。 ④可自由选定结果母枝和新梢。 ⑤可保持树体生长旺盛，产量高	①结果部位较低，树形不乱。 ②新梢长势整齐，果穗大小均匀，容易调节，便于收获上市。 ③结果枝数量固定，不会造成结实过多，产量稳定，容易保持树势。 ④容易进行修剪和新梢的引绑
缺点	①树形容易混乱。 ②容易造成结实过多。 ③容易发生多余的枝，使树龄缩短。 ④难以协调根系发育与地上部之间的均衡性。 ⑤整枝、剪枝方法难以掌握和理解	①幼树期容易造成树冠的扩展推迟。 ②不能按树体长势强弱自由调整剪枝长度。 ③在引绑时或因强风等容易将新梢折断。 ④萌芽较晚，容易徒长，果实着色成熟较晚。 ⑤果穗小，果粒密集，有的品种容易发生裂果，使果实品质降低

图 4-12　葡萄中长梢修剪

　　主枝延长枝的修剪，也不能剪留过长，以避免形成无结果枝的空干，一般剪留长度尽量控制在 20 芽左右，对延长枝上的副梢一般留 1 芽短截。

　　3. 主枝、侧枝、结果枝组和结果母枝的更新

　　（1）主枝、侧枝的更新　主、侧枝枝龄过大，有时会有结果枝组衰弱或缺少的情况，可从主干上部或近主干部隐芽所发出的徒长枝中选择生长势强、角度方向适宜的作主枝。原有的主、侧枝至新主、侧枝前部 10 厘米左右有分枝处缩减，待 1～2 年后，新主、侧枝成行时，再完全疏除。

　　（2）结果枝组或母枝更新　结果枝组或母枝远离

主、侧枝时，要及时回缩基部靠近主枝、着生方位和角度都比较合适的母枝。也可就近从主枝选择合适的一年生新枝或萌枝短截培养。结果母枝则需每年更新，对基底芽或母枝基部第1、第2芽花芽形成良好的品种，常用单枝更新法更新，即当基底芽或第一芽发育好时，可连年进行超短梢修剪，可保持结果部位不远离主、侧枝；对基底芽或母枝基部花芽形成不良的品种，则采用双枝更新法更新，即结果母枝长留至3～5节短截，在结果母枝的基部或基部附近选一个一年生枝进行超短梢修剪作预备枝，第二年结果母枝所发新梢结果后则回缩至预备枝，保持结果部位不远离主、侧枝。

（3）目伤　幼旺树发芽往往不整齐，延长枝的中下部常常不能发芽。特别是长梢修剪的情况下，上一年新梢徒长，枝条扁平粗大，剪截过轻时，这种现象更为突出。为此，可进行目伤手术，促进发芽。目伤的时期以树液即将流动前的2月中旬为宜。方法在芽前2～3毫米处，用利刃切一深达木质部的伤口即可。除了延长枝前部的2～3芽外，希望发枝的芽都可目伤，但要注意不要过深、过大。

（4）牵引拉枝　进行长梢修剪的主枝延长枝等，留芽量大，由于顶端优势的存在，往往只有梢端2～4芽萌发，基部芽难萌发，新梢发生形成空挡。为了克服基部发芽不好的缺陷，较有效的方法是在发芽时通过牵引的方法降低梢端的位置，使基部的芽处于最高的位置首先萌发。当基部的芽萌发后再抬高其上部3～4芽的位置，促其萌发。然后在逐渐抬高上部的芽的位置，直到所有的芽萌发为止。为了避免由于生长势过强而影响附近其他芽的萌发，在进行拉枝牵引的同时还要注意平衡新发芽、新梢的势力，要抹除生长势过强会影响附近芽萌发的新梢，保持同一母枝的新梢生长势相当。

（二）夏剪

葡萄的夏季修剪是在整个生长期内进行，其目的是调节养分的流向、调整生长与结果的关系、保持一定的树形、改善通风透光条件、减少病害、提高果实品质。夏季修剪包括抹芽和定梢、新梢引缚、摘心、副梢处理、去除卷须、摘除老叶、剪梢等各项措施。

1. 抹芽和定梢

抹芽是在芽萌发时进行，去除双芽或多芽中的弱芽与多余芽，只保留一个已萌发的主芽。同时也要将多年生蔓上萌发的隐芽（除留作培养预备枝以外）全部抹除。抹芽因树龄、树势品种不同，应区别对待。幼龄树主要是扩大树冠，除去易发生竞争枝，除干扰树形的芽及过瘦的芽必须抹除外，应该尽量少抹芽。

成年树比幼树抹芽要多些，老龄树抹芽要重。树势偏旺抹芽要轻些，树势偏弱抹芽要重些。

定梢是在新梢已显露花序时进行，过早分不出结果枝，过晚必消耗大量养分。定梢就是要选定当年要保留的全部发育枝。故有人将此次夏剪技术称为除梢。注意抹除徒长性新梢，因为它剧烈争夺养分，叶大遮阳，将会影响整个树体生长和树形结构，使良好的新梢进入营养劣势和萌蘖地位。这些徒长性新梢，常常发生于棚篱架上。

2. 新梢摘心

即摘除新梢先端嫩尖，也叫去顶打尖、打头。主要作用是调节生长与结果之间的矛盾，促进新梢加粗生长和花芽分化。因此，及时摘心对防止落花落果，提高坐果率效果很好。摘心更有促进花芽分化、枝蔓充实和改善通风透光条件的作用。新梢的花前摘心一般在花前一周至始花期进行。新梢花前摘心强度主要依据新梢的生长势，一般认为在最上花序前强枝留6～9片叶摘心为宜，中壮枝留4～5片叶，弱枝留2～3片叶。对生长势强的品种强枝摘心轻一些；或在摘心口处多留副梢。发育枝的摘心类似对结果枝的处理，因不考虑结果可适应放轻，弱枝可不摘心。

3. 副梢处理

副梢生长量大，抽生次数多，它的处理是众多管理中的一项繁杂而重要的工作。新梢的每个夏芽都可以发生副梢，尤其是摘心以后，副梢生长更加旺盛。副梢有利的一面是能利用副梢加速幼树成形，提早结果。有些品种植株负载量不足时利用副梢二次结果，可增加一部分产量，有时，为了增加叶片数量，保证果穗的正常发育，需要利用部分副梢；不利的一面是，幼嫩的副梢生长时要耗用很多物质，影响葡萄坐果，其次增大对主梢遮阳，影响光合作用，造成花芽分化不良，枝条成熟差，不仅影响当年产量和品质，还影响第二年的产量。

目前在生产上对副梢的处理方法主要有以下几种：

一是顶端保留，其余去掉。只留顶端 1～2 个副梢，副梢留 4～6 片叶摘心，再发副梢再摘心，以下副梢全部去掉。此法省工省事，适用于叶大果小及副梢生长迅速的品种。但由于功能叶片减少，容易影响葡萄的产量和品质。

二是花序以下的副梢全部去掉，花序以上的副梢留 1～2 叶摘心，顶端一个副梢留 4～6 片叶摘心，以后抽发的副梢反复进行 3～4 次。这种处理能健壮树势，促进果粒增大，提早成熟，且有利于主梢上花芽分化，对产量和品质均有良好的作用。

三是保留全部副梢，但须及时摘心。在副梢的延伸生长期间保留 1～2 片叶摘心；顶端副梢可留 2～4 叶摘心。此法比较费工，但适用于叶片少而较小，架面叶幕较薄，果实易患日烧病的品种。

4. 新梢绑缚

新梢绑缚就是生长季节将新梢合理绑缚在架面上，使之分布合理均匀，一方面使架面通风透光，同时能调节新梢的生长势。据枝蔓的强弱，强枝要倾斜，特强枝可水平或弓形引绑，这样可以促进新梢基部的芽眼饱满；绑缚弱枝稍直立。小棚架独龙干树形的弓形绑缚。绑缚时要防止新梢与铅丝接触，以免磨伤。新梢要求松绑，以利于新梢的加粗。铅丝处要紧扣，以免移动。绑缚新梢的材料有塑绳、稻草等。一般采用双套结绑缚，结扣在铅丝上不易滑动。

5. 除卷须、摘除老叶

卷须是无用器官，消耗养分，它影响葡萄绑蔓、副梢处理等作业。幼嫩阶段的卷须摘去其生长点就行，卷须经木质化后除去就麻烦一些。葡萄老叶黄化后失去了光合作用的效能，影响通风透光，易于病虫害的传播应及时除去。

第五章

温室生态环境因子的调控

设施栽培是在温室内人为创造一种适合葡萄生长发育的环境条件，促进葡萄提早发芽生长、成熟采收，因此温室内光、水、气、热和土壤等生态环境因子的控制与调节成为葡萄设施栽培中一项重要的中心工作。

一、温室内温度调控

（一）葡萄休眠、需冷量与打破休眠

葡萄属于落叶果树，在温度的自然条件下形成了低温休眠的特性。一般认为枝条上冬芽形成后，立即进入休眠状态，并一直持续到第二年春季萌芽前。实际上冬芽休眠分为自然休眠和被迫休眠。自然休眠分为休眠导入期（葡萄新梢木质化时开始导入休眠）、休眠最深期（10月上旬至11月下旬）和觉醒期（12月上旬以后）。葡萄植株需要在≤7.2摄氏度以下低温条件下经过200～1400小时，方可全部完成正常休眠，这也称为需冷量。但是在露地栽培条件下，冬芽通过自然休眠后外界正值隆冬季节，温度、水分条件都不利于冬芽萌发，冬芽处于被迫休眠状态。在每年冬季7.2摄氏度以下的低温时间越长，葡萄打破自然休眠的总天数就越短。如果低温不足，葡萄正常休眠就不能顺利通过，就会使温室内葡萄发芽不整齐，花器发育不完全，开花结果不正常，进而影响产量和

质量。

此外，品种不同需冷量也不同，美洲种品种只需200～300小时即可，而欧亚种则需要1200～1400小时，欧美杂交种一般需要1000～1200小时。

在华北、西北地区自然条件下露地栽培葡萄不存在需寒量的问题，但在温室栽培中，11月中旬扣膜后由于需冷量尚未满足，所以应加盖草帘，以防止阳光直射，保持温室内低于7.2摄氏度的温度，使之能安全正常通过休眠期。到12月底和1月初葡萄已经进入休眠觉醒期，此时白天揭开草帘，晚上盖帘，温室靠日光照射开始升温，植株能按正常规律发芽生长。但在一些地区，为了提早萌芽和促进早熟，常常提早扣棚或加温，容易导致需寒量不能满足，并造成萌芽不正常、不整齐甚至花序发育不良的后果。这种情况下，就要采用物理或化学方法打破休眠，以弥补低温的不足。

当前打破葡萄休眠最有效的化学方法是石灰氮（单氰胺）涂抹冬芽。石灰氮处理不仅可以弥补低温量的不足，而且可以使冬芽发芽整齐一致，成熟期提前，且对葡萄品种无任何影响。石灰氮是氰氨化钙混合物，常温下呈灰色粉末状，有异味。石灰氮可以促进抑制葡萄发芽物质脱落酸的降解，从而打破芽体休眠，促进发芽。生产上常用20％浓度的石灰氮进行涂芽或全株喷布处理的方法。在温室中，用石灰氮涂芽 10~15 天冬芽即可开始萌动。石灰氮处理时，枝条顶端的一两个芽不涂（以防止顶端优势的影响），只对枝条中部的芽眼进行涂芽处理。

（二）温室内温度的调节

设施栽培的实质是通过设施增温促进葡萄提早萌芽、开花和成熟。温室内温度调节主要包括给葡萄生长创造适宜的温度环境和使温室内温度均匀地分布。要使温室内的温度适宜，主要靠保温、加温、通风、降温等调控技术。设施葡萄栽培的成败，温度的控制管理是重要环节。据试验观察，扣棚后棚内温度达到 12~13 摄氏度时，根系开始生长，以 21~24 摄氏度时生长最快。因此，温室中葡萄生产管理要求择期扣棚后，有 3~5 天全盖帘时期，待地面完全解冻后，葡萄植株经过了自然预备阶段，适应后，开始揭帘升温，升温按生长阶段的不同，可分为以下 3 个阶段进行科学控制。

（1）花前期 这个时期棚内白天温度可以迅速提高到 23~25 摄氏度，采光好、保温效果好的棚室，最高温度可以上升到 27~28 摄氏度。但要注意当超过 30 摄氏度时，必须及时放风、降温、换气；夜间做好保温，使棚内温度维持在 7~8 摄氏度。

（2）花期前后　开花授粉对温度的要求极为敏感，白天尽量增加日照升温，保持 15～28 摄氏度，夜间注意做好保温，使棚内温度维持在 14 摄氏度以上，以利于授粉受精，提高坐果率。

（3）葡萄浆果膨大至成熟期　此时已进入 3 月份，自然温度开始回升，棚内外温差逐渐缩小，温室内的温度上升较快，在控制管理上也比较容易，可维持白天 28～32 摄氏度，夜间 15～17 摄氏度，白天后期控制以 32 摄氏度为上限，注意放风降温，昼夜温差可控制在 15 摄氏度左右，利于浆果上色。

同时，提高地温的措施主要有，①地面覆盖：冬季通过覆膜来提高地温（夏季覆草来降低地温）。②多施有机肥：如鲜马粪、鲜厩肥等，可以有效地提高地温，同时微生物通过代谢作用也可以释放一定热量。③电热升温：在土壤上层表面铺设地下电热线，以提高地温，缺点是代价较高。

二、温室内湿度的调节

葡萄是抗旱性较强的果树。温室内土壤水分全靠人工灌溉，外界降雨对温室内土壤水分影响不大，而设施内空气湿度高低主要取决于土壤水分蒸发和葡萄叶片的蒸腾。

由于温室大棚棚室密封性好，加之生产中为了保温，通风量很小，所以温室内空气湿度过大是温室中常常出现的主要问题。湿度过大会在温室内形成水雾，在棚膜上形成水滴，影响温室内光照。萌芽期湿度过大，会促进枝条顶芽先萌发，而其他芽眼萎缩干枯。花期湿度过大，花冠不易脱落，影响授粉受精，同时会导致葡萄灰霉病和穗轴褐枯病的发生。葡萄成熟着色期湿度过大，影响着色，会降低含糖量并引起裂果，导致病虫害滋生。

　　生产中温室内空气湿度在葡萄萌芽期一般应控制在80%以下；开花期空气湿度因品质不同而不同，一般控制在70%以下；幼果生长期温室内的空气湿度应维持在80%以下；果实上色成熟期要注意降低空气湿度，一般应控制在65%以下。但是温室内也不能过度干旱，尤其是温室土壤水分不能匮乏。干旱会使葡萄叶片光合作用减弱，呼吸作用加强，果实含糖量降低，含酸量增高，枝条成熟不良。因此，必须根据葡萄不同生长发育阶段对土壤水分和空气湿度的要求而加以调节。湿度偏低时，可采用灌溉、地面喷水等措施增加湿度。湿度过高时利用晴天加大通风量，减少室内的水蒸发量。另外也可以采用地膜覆盖，减少水分蒸发；控制灌水，减少土壤蒸发和作物蒸腾；使薄膜凝结的水滴流向室外等，均可减少棚室内的湿度。

近年来，我国一些地区在温室中采用滴灌技术，不但使水分供应更趋于合理，而且防止了温室内空气湿度的剧烈变化，促进了葡萄早熟，显著提高了温室葡萄的产量和品质，在有条件地区应积极推广温室滴灌技术。除此之外，控制温室内湿度变化的主要措施还有①及时通风换气，通过对流来散失过多的水分。②地面覆膜，通过地面覆膜可以减少水分的散失。③白天空气相对湿度过低时，可以喷雾、向地面洒水来增加湿度。

三、温室内光照调控

葡萄是喜光性树种，生长和结果状况直接与光照有关。温室栽培葡萄，由于棚室内的光照强度常常不足室外的 70%，对葡萄的生长和结果都有显著的不良影响，常常造成严重的落花落果，果实着色不良、含糖量低，花芽分化不良等现象，大大降低了葡萄的产量和质量。温室内的光照条件不仅左右着植物的光合作用，而且直接影响着温室内的温度、空气湿度和土壤温度等。因此，增强温室内的光照强度已成为葡萄设施栽培的关键技术之一。

1. 温室大棚设计要求

（1）方位　坐北朝南。为更好地利用上午的光照，在冬季严寒，早晨雾多、雾大的地区，方位可以偏西 5～10 度；在冬季早晨不太寒冷，雾少的地区可以偏东 5～10 度。

（2）合理设计前屋面角度 实际测定表明，在我国北方地区，入射角在 40～90 度之内对光线透射率影响不大。因此在实际修建温室时，将温室棚面与水平的夹角可改为 23～25 度，这样不但可以显著降低棚面倾斜度，利于管理，而且也大大降低了温室的修建成本。在北纬 40 度以北的地区建温室，纬度每增高 1 度，温室前屋面角就要相应提高 1～2 度。例如，京、津、唐地区温室前屋面角度应在 21～24 度，这样阳光透射率最适合葡萄生长的需要。而辅助受光面角度宜在 60～70 度，这样可以吸收散射光，增加温室内的光照强度。

2. 选用透光率好的塑膜，保持膜面清洁

塑料薄膜具有很好的透过紫外线的性能，以蓝色无滴膜透光性能最好，生产上应用较广。玻璃透过紫外线的性能不及塑膜，所以不宜采用。选用塑膜主要考虑它的耐久性、透光性、保温性和无滴性。塑膜表面如有水滴，透光率下降 28%～30%，所以要选用无滴的塑膜。多层复合保温高透光棚膜 EVA 使用 18 个月后仍完好无损，无滴持效期 6～8 个月，保温性也比普通 PE 膜白天高 2～3 摄氏度，夜间高 1～1.5

摄氏度，使用 18 个月后透光率仍能达 70％。要经常清除膜面尘土，保持棚膜的清洁。

3. 铺设银灰色反光膜

在温室的北、东、西三面墙壁或地面上铺设反光膜，使照射在膜上的太阳光反射到葡萄植株上，增加葡萄叶片的受光量。地面铺反光膜可增加光照强度 25％，温室下 1 米处增温 1 摄氏度。每亩温室铺设 200 米^2 的反光膜，费用为 150～200 元，可连续使用 3 年。此措施是增强光照最经济、最有效的方法之一，尤其对有色品种的增色和品质的提高效果非常显著。铺膜前要进行第一次摘老叶，平整土地。铺膜后用装沙石的塑料袋多点压实，防止被风卷起或刮破。

4. 安装生物钠灯，阴天时补充光照

生物钠灯可平衡光谱分布，具有高光输出量，有很好的补光效果。试验证明，阴天时，在温室内将生物钠灯调整为红色和黄色光谱最有利于葡萄的生长和果实品质的提高。

5. 墙面及立柱涂白

用石灰将温室后墙、侧墙和立柱进行涂白，可以增强光线的反射，显著改善温室内的光照情况，在一定程度上起到增光、增温，提高光合效率的作用。

6.喷施光合促进剂

葡萄展叶后，喷洒 4～5 次光合促进剂，能明显促进叶片的光合作用。

四、温室内气体成分调节

设施内气体调节主要是增加设施内二氧化碳浓度和防止有害气体在设施内的积蓄。

1. 设施内二氧化碳的调节

温室比较密闭，葡萄株行距又较小，加之施肥等农业技术措施的实施，气体成分与露地相比变化较大。当温室空气中的二氧化碳（CO_2）含量低于光合作用 CO_2 补偿点时，光合作用就会受到影响。因此适量补充 CO_2，可提高温室葡萄的光合效率，增加产量。温室葡萄一天中进行有效光合作用的时间主要集中于早上揭帘后 1～3 小时。因此每天上午 7～10 时提高空气中的 CO_2 浓度是葡萄温室栽培必须重视的问题。生产上常采用人工施入 CO_2 的方法，即于温室内均匀取 10～20 个点，放置 CO_2 发生器，使 CO_2 均匀释放。并将温室密闭 2～3 小时后再放风。使用时应注意以下问题：一是二氧化碳的施肥要与葡萄生长的主要物候期相吻合。如在花芽分化期、果实膨大期等增施，效果更明显。温室葡萄补充 CO_2 主要在开花前后与幼果生长期，尤其是幼果膨大期，应连续施用 30～40 天。二是 CO_2 施肥必须是在密闭的条件下进行，如果通风换气就无法提高二氧化碳的浓度。三是充足的温度和光照条件是二氧化碳施肥的基础，如果没有植物适宜的温度和光照条件，就不要进行二氧化碳施肥。四是 CO_2 施入量要逐渐增加和减少，开始时由小剂量逐渐向大剂量过度，需要停止时，也要逐渐减少使用量。此外，补充期要适当增施磷钾肥。

2. 防止有害气体对葡萄的伤害

设施栽培有害气体主要有：氨气（NH_3）、亚硝酸气（NO_2）、二氧化硫（SO_2）等。

（1）NH_3　氨气是设施栽培中常发生的一种有害气体，主要来源于未经腐熟的畜禽粪便、饼肥等，在密闭的棚室内，这些有机肥经高温发酵会产生积累大量的氨气，另外，大量施用碳酸氢铵或地面撒施尿素也会造成氨气积累，当达到一定浓度 $[(5～10)×10^{-6}]$ 后就会对葡萄产生毒害。氨气通过气孔侵入，首先危害幼嫩组织，如花、幼果、幼叶叶缘等。受害组织先变褐，后变白，严重时萎蔫枯死，症状常与高温伤害相似，极易混淆。预防措施：①棚室内施用的有机肥一定要充分腐熟。②尽量少施或不施碳酸氢铵，施用尿素或复合肥要开沟施入，并立即覆土。

③在保证温度要求的前提下，及时开启通风口，通风换气。

（2）NO_2 亚硝酸气体主要来源于不合理的施肥，在土壤特别是沙性较大的土壤中，连续大量施入硝酸铵等氮肥，亚硝酸向硝酸的转化就会受阻，而铵向亚硝酸的转化过程却正常进行，这样土壤中便积累了大量的亚硝酸，挥发后棚室内浓度达到 $(2\sim3)\times10^{-6}$ 时，则发生亚硝酸气中毒，通常是在施肥后一个月左右发生。亚硝酸气体通过叶片气孔侵入叶幼组织，先使气孔附近细胞受害，进而向海绵组织、栅栏组织扩展，使叶绿体结构被破坏而褪色，出现灰白斑，如果浓度过高则叶脉变成白色。预防措施：一是追施氮肥时要遵循"少量多次"原则，且与土壤充分混合，施后及时覆土浇水。二是在日常管理中经常通风换气。三是土施适量石灰进行中和，一般每亩施 100 公斤左右，提高土壤 pH 值，防止亚硝酸气体化。

（3）SO_2 二氧化硫主要来源是加温棚室使用的燃料燃烧不充分或燃料质量较差产生的，另外，未经充分腐熟的有机肥、饼肥等在分解发酵过程中也会产生二氧化硫。二氧化硫对人、葡萄均有危害，一般二氧化硫浓度在 3×10^{-6} 左右并维持 1 小时以上时即可对葡萄造成损害。二氧化硫首先危害功能叶片，老叶和新叶受害较轻。受害症状（图 5-1，彩图）是在叶

图 5-1　葡萄二氧化硫症状

片气孔多的地方出现斑点，接着褪色，浓度高时整个叶子像开水烫过似的。另外，棚室内湿度过大时，二氧化硫遇水形成亚硫酸，滴到叶子上能直接破坏叶绿体，使叶片受害。预防措施：除了不施用未经腐熟的有机肥外，加温棚室使用的燃料质量要好，保证充分燃烧，并且把烟排到棚室外。

五、按品种进行环境调控

我国目前栽培的鲜食葡萄品种有上百个，每个品种对环境条件都有一定的要求和适应性。如康拜尔抗寒、抗病，但不耐高温；乍娜耐高温，但不抗病、不耐湿。在温室选择葡萄品种时，一定要充分了解所选品种对环境条件的要求与适应性，并按其适应性程度调整控制温室内的环境条件。

1. 欧亚种品种

世界上大多数优质鲜食葡萄品种都属于这一品种群。这一品种群的葡萄品质好，但在露地栽培中普遍表现的弱点是抗病性差，有些品种遇雨后裂果严重，而在温室栽培中由于设施栽培特有的环境条件克服了不抗病和容易裂果的缺点，果实品质明显提升。所以，一些早熟、大粒欧亚种葡萄成为温室葡萄栽培的首选。

在欧亚种品种群的葡萄品种中，一些散射光下易结果的品种温室栽培比较容易。以乍娜为例，它需要的环境条件是：萌芽至开花期要求最低温度不能低于15 摄氏度，最适温度 26～28 摄氏度，相对湿度80%；开花期相对湿度 70%；幼果生长期最低温不能低于 14 摄氏度，日间生长最适温度 25～27 摄氏度；果实着色期最低温度应在 18 摄氏度以上，最适温度 28～30 摄氏度，日温差应在 10 摄氏度以上。值得注意的是，欧亚种中的一些品种，尤其是东方品种群品种花芽分化时对光照的质量和时间有严格的要求。光照时数不足、直射光较少都不利于花芽的分化和形成，这一点在设施栽培时必须予以足够的重视。

2. 欧美杂种

巨峰系等欧美杂种以粒大、色好在市场上深受消费者欢迎。在温室内栽培巨峰系品种成熟期可比露地提早 50～60 天。巨峰系品种对温室内温、湿度条件的要求比欧亚种品种相对较为宽松，萌芽至开花期，最低温度不应低于 12 摄氏度，最适温度为 20～28 摄氏度，萌芽期相对湿度应维持在 85%，开花期湿度应降至 65%。幼果生长期最适温度为 23～28 摄氏度，相对湿度 85%。应注意的是巨峰系品种在开花期若温室内温度高、湿度大则容易发生葡萄穗轴褐枯病，同时巨峰系品种着色成熟期要求日温在 25～30

摄氏度，日温差 10～12 摄氏度，相对湿度维持在80％左右。总体来看，巨峰系品种对温室环境要求不像欧亚种品种那么严格，所以温度栽培相对较为容易。

总而言之，所有欧亚种品种群都要求温室内高温低湿的栽培环境，欧美杂种则较适应低温高湿的栽培环境。两个品种群对环境条件的要求有所不同，管理技术也有所差异，栽培时要特别注意。

第六章

温室葡萄配套栽培技术

一、化控技术

随着科学技术的不断发展，化控技术已普遍应用于果树生产。在温室葡萄栽培上化控技术主要用于控制新梢生长、促进形成大粒无核果实和促进果实提早上色成熟。

1. 控制新梢生长、提高坐果率

生产上常用的化学药剂有矮壮素（CCC）、清鲜素（MH）和多效唑（PP333）。开花前 10 天在葡萄枝叶和花穗上喷布 400～500 毫克/升的矮壮素溶液，可以有效控制新梢生长和提高坐果率。采用 200 毫克/升多效唑也常引起葡萄果粒变小、果穗变紧，因此生产上采用矮壮素、缩节胺等控制葡萄新稍的生长。在葡萄盛花期喷 0.3％硼砂溶液也可以使坐果率提高 10％～15％。

2. 增大果粒和诱导无核果实

目前生产上应用较广泛的仍然是赤霉素。一般设施内的有核品种花后 10 天左右，当幼果长到豆粒大小时，用 10～50 毫克/升赤霉素溶液处理果穗可使果粒增大并提早 7 天成熟。对设施内的无核品种，要增大果粒一般需用赤霉素处理 2 次果穗才能得到满意的效果，第一次在开花前 3～5 天，先用 10～15 毫克/

升，再用 25～50 毫克/升的赤霉素溶液浸蘸葡萄幼嫩的果穗。如在开花前处理花序，还能诱导生成无核果实。

3. 促进葡萄浆果上色和成熟

温室葡萄常用的化学催熟剂是乙烯利。能促进叶绿素的分解和色素的形成。实验表明对巨峰系及玫瑰香、绯红等品种的果实在开始上色时喷布 250～300 毫克/升的乙烯利，能提早成熟 5～7 天。

温室中使用要注意以下几点：

（1）处理浓度要合适　浓度过低时效果不明显，过高时在温室中容易引起严重的落叶和落果。不同地区、不同品种处理的最佳浓度和处理方法都有所差异，必须预先试验后再扩大使用。

（2）处理时间要正确　一定要在果实成熟时，即有色品种开始上色、无色品种果实颜色开始转黄时进行处理。

（3）施药方法要恰当　以果穗浸蘸或局部喷雾法效果较好。实践表明，乙烯利有明显的催熟和上色作用，对品质却无明显的影响，而且对葡萄叶片有促进衰老的作用，因此使用乙烯利催熟时，一定要注意和其他农业技术的配合并注意不要喷到叶片上。

二、二氧化碳气肥施用技术

二氧化碳是葡萄光合作用时必需的主要物质，葡萄光合作用的二氧化碳饱和点一般都在 1000 毫克/千克以上，但自然界空气的二氧化碳浓度一般是 330 毫克/千克左右。而设施栽培通过通风换气也只能使室内二氧化碳浓度维持在 200 毫克/千克左右，最高不超过 330 毫克/千克，因此葡萄植株处于二氧化碳饥饿状态，严重制约着葡萄的光合作用，进而严重制约葡萄产量增加和品质的提高。因此，设施栽培人工增施二氧化碳气肥是提高葡萄产量及品质的主要措施。

1. 人工增施二氧化碳气肥的好处

① 通过人工增施二氧化碳气肥，葡萄叶片增厚、叶绿素含量增加、功能期延长，所以叶片光合作用增强，果穗、果粒增大，产量增加，一般可增产 20% 左右。

② 人工增施二氧化碳气肥后，葡萄可溶性固形物含量可增加 1%～2%，大大提高葡萄品质，而且葡萄的抗逆性也大大提高。

2. 人工增施二氧化碳气肥的方法

（1）二氧化碳发生器法　即通过化学反应产生二氧化碳气体来提高空气中二氧化碳气体浓度，达到施肥增产目的，并提高葡萄品质。二氧化碳发生器由储酸罐、反应筒、二氧化碳净化吸收筒、导气管等部分组成，化学反应物质为强酸（稀硫酸、盐酸）与碳酸盐（碳酸铵、碳酸氢铵等）作用产生二氧化碳气体。现在设施栽培中一般使用稀硫酸与碳酸氢铵反应，最终产物二氧化碳气体直接用于设施栽培，同时产生硫酸铵又可作为化肥使用。优点是二氧化碳发生迅速、产气量大、简便易行、价格适中、效果好。

（2）二氧化碳简易装置法　即在温室内每隔7～8米吊置一个塑料盆或桶，高度一般为1.5米左右，倒入适量的稀硫酸，随时加入碳酸氢铵，即刻产生二氧化碳气体。

（3）施肥法　即直接施用液体二氧化碳或二氧化碳颗粒气肥等。

3. 二氧化碳施用时期

一般在开花前后开始施用，幼果膨大期及浆果着色成熟期尤其重要，此期使用特别有利于浆果膨大和提高品质。二氧化碳气肥一般在揭帘后半小时左右开始施用。4月上中旬以后，夜间不覆盖草帘时，一般在日出后1小时以后，设施内温度达到20摄氏度以上时开始施用，开始通风前半小时停止施用。二氧化碳气肥施用浓度应根据天气情况进行调整，晴天设施内温度较高时，二氧化碳气肥浓度要高些，一般在

800～1200 毫克/千克；阴天要低些，一般在 600 毫克/千克左右即可。如果阴天设施内温度较低时，一般不施用，以免发生二氧化碳气体中毒。

4. 注意事项

① 使用二氧化碳发生器及简易装置时，应注意稀释浓硫酸时要将浓硫酸缓慢注入水中，不要把水倒入浓硫酸中，以免发生剧烈反应造成硫酸飞溅伤人。

② 施用二氧化碳气肥不能突然中断。在果实采收期来临前应提前几天逐日降低施用浓度，直到停止施用，防止造成植株早衰。

③ 施用二氧化碳气肥要与其他管理措施相结合。施用二氧化碳气肥同时要增施磷、钾肥，适当提高设施内的空气湿度及土壤湿度；在温度管理上，注意白天室内温度要比不施用二氧化碳气肥的高 2～3 摄氏度，夜间低 1～2 摄氏度，防止植株徒长。

三、滴灌技术

滴灌是一种节水、高效灌溉技术，滴灌器安装方便，造价低，它不仅节约能源，而且对地温和空气湿度影响小，减少了病虫害的发生和蔓延；滴灌结合施肥省工省力，特别适合设施葡萄应用。

(一) 设施葡萄采用滴灌的主要优点

1. 省水、节省能源

滴灌比地面沟灌节约用水 30%～40%，从而节省了抽水的油、电等能源消耗。

2. 对土壤结构的破坏显著减轻

滴灌是采取滴渗浸润的方法向土壤供水，不会造成对土壤结构的破坏。

3. 降低了空气湿度，减少了水传播病害的发生

由于地面蒸发大大减少，葡萄园树冠周围空气相对湿度比地面灌溉降低 10%左右，从而大大减少了病虫害的发生和蔓延程度，也降低了裂果发生率。尤其是减少了根癌病的传播和再侵染机会。

4. 滴灌基本不影响地温

滴管灌溉水量少，而且不是短时间一次性灌入，所以对地温的直接影响小。而且滴灌是把水灌在地下根区，地面蒸发水量小，减少了土壤蒸发耗热，所以，滴灌葡萄园的地温一般要比传统地面灌溉的高，因此葡萄生长快、成熟早。这在设施栽培中就更为显著。

5. 滴灌结合追肥施药，提高了劳动生产效率

在滴灌系统上附设施肥装置，将肥料随着灌溉水一起送到根区附近，不仅节约肥料，而且提高了肥

效，节省了施肥用工。一些用于土壤消毒和从根部施入的农药，也可以通过滴灌施入土壤，从而节约了劳力开支，提高了用药效果。

6. 灌溉省工省力

滴灌是一种半自动化的机械灌溉方式，安装好的滴灌设备，使用时只要打开阀门，调至适当的压力，即可自行灌溉。

(二) 滴灌器的选择和田间设置

1. 选用内镶式滴灌器

内镶式滴灌器其滴头镶嵌于滴灌器内壁，滴头间距为 30 厘米，适用于按行株距栽种的葡萄，并可输送水溶性肥料。

2. 滴灌器一般采用单畦单管铺设法

将内镶式滴灌器置于每畦两行植株中间，管长与畦长相同，用专用配件将内镶式滴灌器与放置在灌溉地端面的输水管连接即可。在 1 千克水压时，内镶式滴灌器的每个出水孔每小时出水约 2.7 千克，每亩面积的滴灌每小时约可供水 2.7×10^3 千克。

(三) 设施葡萄滴灌装置的使用

1. 输水压力调整

水压一般调至 0.03～0.05 兆帕，压力过大易造成软管破裂。在没有压力表时，可从抽水软管的表现上加以判断；如果软管呈近圆形，水声不大时，可认为压力合适。如果软带绷得很紧，水声很大，说明水的压力太大，应予调整。

2. 供水量调控

（1）催芽水　葡萄经历一个越冬休眠期，为了促进萌芽和花芽的进一步分化，应灌一次催芽水。施肥前，先灌1～2次催芽水，对春季干旱，土壤水分不足的可促使植株萌芽整齐，新梢生长迅速苗壮。

（2）催穗水　葡萄从出现花序到开花期，除结合追肥灌水外，要每隔7～8天灌一次催穗水，水量必须充足，这对促使新梢生长和花穗增大有明显作用。

（3）催粒水　葡萄落花后至生理落果止，每隔5～6天灌一次水，并结合灌水进行适量追肥，这样可促使幼果迅速整齐地生长发育，减少落果。此灌水对葡萄高产、优质、高效益至关重要，切不可马虎从事。

（4）着色水　在生理落果后，浆果肥大增长期至着色期的灌水，一般要在6月下旬开始，天旱时要每隔5～6天灌一次水。8月上旬、中旬，果实开始着色并迅速膨大增长，此时要结合灌水进行后期追肥，使浆果迅速膨大。如果此时灌水不足，果实生长发育迟缓，到成熟期遇大雨或灌水过多，"大干大湿"易发生裂果现象。

（5）熟前水　在果穗成熟前的浆果期结合施肥，灌一次浆果熟前水，这样可补充葡萄生长后期的水分不足，提高葡萄的产量和品质，促进果穗成熟，可有效防止"软果"的发生。

（6）养蔓水　葡萄采收后至冬寒也要灌 2～3 次水，以提高土壤水分，促进根系生长发育，滋润枝蔓，防止抽干，起到促根保根、滋养枝蔓的作用。同时，还要防止冬春干旱，蓄温防寒，保证葡萄根系和枝蔓安全越冬。

（7）不灌水或少灌水　开花期不能灌水，以防落花落果。浆果成熟期即着色前后要控制水分，以增加葡萄果实含糖量，提高品质。春季应尽量避免灌水，即使需要，灌水量也应掌握在润湿 40 厘米以内土层即可。

3. 滴灌施肥技术

文丘里施肥器在灌溉施肥中也得到广泛的应用。文丘里施肥器可以做到按比例施肥，在灌溉过程中可以保持恒定的养分浓度。文丘里施肥器具有显著优点，不需要外部能源，从敞口肥料罐吸取肥料的花费少，吸肥量范围大，操作简单，磨损率低，安装简易，方便移动，适于自动化，养分浓度均匀且抗腐蚀性强。不足之处为压力损失大，吸肥量受压力波动影响。其工作原理为，水流通过一个由大渐小然后由小渐大的管道（文丘里管喉部），水流经狭窄部分时流速加大，压力下降，使前后形成压力差，当喉部有一更小管径的入口时，形成负压，将肥料溶液从一敞口肥料罐通过小管径细管吸取上来。

文丘里施肥器用抗腐蚀材料制作，如铜、塑料和不锈钢。现绝大部分为塑料制造。文丘里施肥器的注入速度取决于产生负压的大小（即所损耗的压力）。损耗的压力受施肥器类型和操作条件的影响，损耗量为原始压力的 10%～75%。选购时要尽量购买压力损耗小的施肥器。由于制造工艺的差异，同样产品不同厂家的压力损耗值相差很大。由于文丘里施肥器会造成较大的压力损耗，通常安装时加装一个小型增压泵。

文丘里施肥器的操作需要有过量的压力来保证必要的压力损耗；施肥器入口稳定的压力是养分浓度均匀的保证。压力损耗量用占入口处压力的百分数来表示，吸力产生需要损耗入口压力的 20% 以上，但是两级文丘里施肥器只需损耗 10% 的压力。吸肥量受入口压力、压力损耗和吸管直径影响，可通过控制阀和调节器来调整。文丘里施肥器可安装于主管路上（串联安装）或者作为管路的旁通件安装（并联安装）。在温室里，作为旁通件安装的施肥器其水流由一个辅助水泵加压。

第七章

设施葡萄周年管理技术

设施栽培中葡萄因人为调节其生长周期，因此栽培管理技术和露地栽培截然不同。从总体上看，葡萄设施栽培基本上可以分为休眠前期管理、休眠期管理、萌芽期管理、萌芽至开花期管理、果实生长期管理、成熟期管理及采后管理等几个阶段。

一、休眠前期管理

管理目标：这一阶段时间在采收后至落叶前，其主要管理操作是在温室揭棚或露地状况下进行的。主要目的是要保证植株生长健壮，枝条老熟充分，花芽分化良好。

1. 病虫害防治

重点防治的病害主要是霜霉病。掌握以防为主，交叉用药的原则。常用药物有半量式波尔多液、必备（科博）600～800倍，也可单独使用甲霜灵800倍、福美双600倍、嘧菌酯800～1000倍，每隔10～15天交替喷布一次。若已有霜霉病发生，则应立即使用杜邦抑快净进行治疗。设施内病害防治时，药剂配水量应增加30％以上，且最好傍晚喷施，以防止药害发生。对有虫害发生的温室，要针对具体虫害进行防治。

2. 早施基肥

施肥一般应在果实采收后进行，基肥以腐熟的有机肥为主。施肥量为每生产 1 千克果实施 5 千克有机肥。同时，每亩加施 50～70 千克钙镁磷肥、200 克纯硼肥，50 千克硫酸钾型复合肥。

施肥方法以沟施为主，即在树行一边距树干25～30 厘米处挖深 40 厘米的沟，施肥后盖土。

3. 整形修剪

修剪时注意两点：①温室葡萄花芽形成规律与露地不同，因此修剪方法应在观察研究花芽分布规律的基础上确定。②留枝密度不能太大。

4. 灌溉。

修剪后扣棚前灌一次透水。灌溉时间和量的确定以灌后凌晨地面应有轻微结冰为佳。

二、休眠期管理

即扣棚覆膜到萌芽前这一阶段的管理，其主要工作是扣棚覆膜和打破休眠。

1. 扣棚覆膜时间

北方温室应立冬前后扣棚。扣棚后温室内气温应维持在 7.2 摄氏度以下，棚上加盖草帘，防止温室温度过高或过低。

2. 打破休眠

温室葡萄打破休眠当前最有效的办法是用石灰氮

（单氰胺）抹芽或全株喷布处理。葡萄冬芽在休眠期或休眠近结束时提前萌芽，可以通过石灰氮处理迫使葡萄解除休眠。方法是：在升温前 15～20 天，使用浓度为 500 克石灰氮兑温水 2.5 千克，用来涂抹葡萄结果母枝。一般在涂抹石灰氮后再升温，一般 15 天左右葡萄就会萌芽，萌的芽整齐，新梢生长旺盛，结果枝粗且多。经过涂抹石灰氮的葡萄比不涂抹的要提早 20 天萌芽，果实成熟也要早 10 天左右。

三、萌芽期管理技术

1. 升温催芽

一般葡萄冬芽通过自然休眠后，温度适宜时就可以萌发，但在自然休眠期内，即使温度适宜也难以发芽。并且在这段休眠期内升温，葡萄也会出现不发芽、发芽不整齐、新梢长势不一致和花序退化等现象。因开始升温的时间应该在葡萄自然休眠期快结束时的 12 月下旬升温为宜。

需要注意的是：葡萄在露天栽培时，树液流动到发芽，一般需要 25～30 天，由于气温逐渐回升，葡萄植株的生命活动进行得缓慢，但冬芽内的花芽发育充分。但在大棚种植条件下，如果温度调控不当，升温过快，催芽过急，葡萄花芽分化不充分，使长出的花序变小，坐果率低。同时地温的升高要比气温慢，因此会造成葡萄植株地上部生长发育与根系的发育不协调，发芽不整齐。所以对大棚葡萄升温的第一周应进行低温管理，白天保持温度在 20 摄氏度左右，夜间温度在 5～10 摄氏度。一周以后再逐渐提高温度，白天可将温度提高到 28～30 摄氏度，夜间温度保持在 10～15 摄氏度。

2. 地下管理

温室开始升温催芽时，要灌一次催芽水，追施一次速效氮肥，并铺设地膜，使温室中空气湿度保持在 90% 以上。

3. 病虫害防治

芽鳞开裂吐绒至透绿前喷 1 次 3 波美度石硫合剂。展叶后最好不用石硫合剂，防止药害。

四、萌芽至开花前管理技术

这一阶段一般需 45～55 天，温室内温湿度调控和病虫害防治是这一阶段的重要工作。

1. 温度和水分调节与管理

白天气温控制在 25～28 摄氏度，夜间保持 15 摄氏度左右，地温 15 摄氏度左右，空气湿度保持在 80% 左右。萌芽后如发芽势不强，灌一次足水，开花前适量灌一次小水。

2. 施肥

花前 10 天追施 1 次速效性氮肥，并适当施用磷钾肥。一般 1～3 年生树，株施 50 克尿素或 70 克复合肥。施肥后即时灌水。

3. 树体管理

（1）抹芽定梢　萌芽后进行抹芽，抹除偏芽、弱芽。每个芽眼只保留一个健壮的幼梢。新梢 10 厘米左右时，进行定梢。疏去徒长梢、弱梢及多余的发育枝、隐芽枝。留梢密度：棚架每平方米 8～12 个新梢。篱架新梢间距离保持在 20 厘米左右。新梢长到 40 厘米左右时，再次疏去个别过强、过密枝梢，并及时引缚。

（2）摘心去副梢　花前 7 天，对结果枝在花序上留 5～6 片叶进行摘心，营养枝留 8～10 片叶摘心，同时将副梢去除。

（3）花序整形　温室葡萄产量应控制在每亩 1500 千克以下。开花前 1 周尽早疏除多余花序。一般 1 个结果段只保留 1 个果穗，每平方米架面留 4～5 个果穗即可。果穗一般留穗尖，去除上部，以减少疏果用工。如果采取花序拉长措施，开花前 1～2 天整穗，过早会导致花穗弯曲。

（4）病虫害防治　重点防治黑痘病、灰霉病、穗轴褐枯病和红蜘蛛等。花前喷可湿性代森锰锌800倍液加1500倍液氯氰菊酯，防治黑痘病、穗轴褐枯病、红蜘蛛等病虫害。

五、开花期管理技术

从开花始期至开花终了为止，持续7～12天。此期管理工作是在控制好温室内温湿度环境的基础上，采取保花、保果措施，提高坐果率。

1. 温湿度管理与调控

此期的温度管理指标适当高些，白天保持在28摄氏度左右，夜间保持在16～18摄氏度，并要保证充足和良好的光照。进入开花期，要停止灌水，保持空气湿度在50%～60%，注意经常通风换气。

2. 花期喷硼

温室葡萄初花期和盛花期向花序上各喷一次0.2%～0.3%的硼酸。

3. 病虫害防治

花前和花后注意灰霉病和穗轴褐枯病的防治。花前喷可湿性代森锰锌800倍液加1500倍液氯氰菊酯，防治黑痘病、穗轴褐枯病、红蜘蛛等病虫害。

六、果实生长期管理技术

该期从落花后幼果开始生长到浆果开始成熟前为

止，早熟品种需 38～48 天，中熟品种需要 50～65 天。这一阶段主要工作是合理调控温室内的环境，改善通风透光条件，加强树体营养供给，促进幼果健壮生长。

1. 温度、湿度管理

白天温度保持在 25～28 摄氏度，不能超过 30 摄氏度，夜间可保持在 18～20 摄氏度，不要超过 20 摄氏度。因通风量加大，空气湿度应保持在 60%～75%。

2. 土壤水分管理

此期温室中每周可于上午灌水一次，灌水可结合施肥进行。

3. 施肥

此期尤其要重视追施磷、钾肥。磷肥在花后和硬核期分批施入，每次施用量约为每亩 1.5 千克；钾肥可在硬核期前后一次性施入，每亩施用纯量 2.5～3.0 千克，为了便于植株尽快吸收，可用根外追肥的方法追施磷钾肥，常用 0.3% 磷酸二氢钾液，每隔 7～10 天喷施一次。

4. 树体管理

(1) 副梢处理　花前摘心后新梢发出的副梢，只保留枝条顶端 1～2 个副梢，每个副梢上留 2～4 片叶反复摘心，副梢上发出的二次副梢只保留顶端一个，并留 2～3 片叶摘心，其余的二次副梢长出后立即从基部抹去。到果实着色时停止对副梢的摘心，这段时间共进行摘心 4～6 次。

为促进葡萄叶片光合效率，此期内可在葡萄架下铺设反光膜。

（2）疏果、激素处理和果穗套袋　当葡萄果粒达黄豆粒大小时即可开始进行疏果。及时疏除发育不良的僵果、小果、畸形果、病虫果，果粒紧密的果穗也可适当疏除部分果粒。对于大粒品种，一般每个果穗只保留 40～45 粒果。对于一些果粒较小的品种，可用激素处理。处理方法是在盛花后用 12～15 天用 10～25 毫克/升的赤霉素溶液进行果穗浸蘸，促进果粒增大。

疏果或激素处理后即可进行果穗套袋。套袋可以保护果穗，防止病虫为害及药尘污染。

（3）结果枝环剥　环剥在果粒大小基本定形即硬核期后进行，方法是在结果枝着生果穗的下方节间，用利刀在枝条表皮上环切一个宽 3 毫米左右的环状切缝，并将表皮剥去。环剥时注意不要将枝条切断，对生长过弱的结果枝一般不环剥。

5. 病虫害防治

这一阶段植株生长旺盛，温室内温、湿度较高，防治病虫十分重要。此期容易发生白腐病及霜霉病。防治白腐病，在发病初期每隔 15 天喷 1 次杀菌药剂，共喷 2～3 次。杀菌药可用多菌灵、甲基托布津、福美双。防治霜霉病，在发病初期喷布 1～3 次杀菌药，间隔 10～15 天，杀菌药可用瑞毒霉、乙膦铝、杀毒矾。如果发生红蜘蛛，可喷 2～3 次内吸性杀虫剂。

七、成熟期管理

本期管理工作的重点是控制好温湿度，增加光照强度、适当追肥、防治病虫害、促进浆果着色和成熟。

1. 温度、湿度管理

浆果进入着色期后：温室内温度应保持在 25～28 摄氏度，最高不超过 30 摄氏度，夜间保持在 15 摄氏度，以增大昼夜温差，延长通风时间，空气湿度保持在 60％～65％。此期要减少灌水，不旱不灌。

2. 根外追肥

成熟前主要根外喷施 0.3％磷酸二氢钾液和 3％过磷酸钙液。从采收前 1 个月开始每隔 10 天喷一次 1％的醋酸钙液，能明显提高葡萄的果肉硬度和耐储运性。

3. 喷布乙烯利催熟

进入始熟期后在果穗上喷布 1 次 300～500 毫升

的 40％乙烯利溶液，可促进葡萄早熟 1 周时间，但易落粒的品种要慎用。

4. 树体管理

成熟期树体管理的工作有两项：一是要及时摘除 3 个月叶龄以上的老叶以及过密的枝叶，尤其是果穗周围的老叶；二是要疏去架面上抽生的二次、三次副梢，改善架面的通风透光状况。

5. 病虫害防治

此阶段主要防治炭疽病和金龟子，注意不能使用剧毒或残效期长的农药，采前 30 天开始杜绝施用任何农药。

6. 及时采收

葡萄达到充分成熟度以后要及时采收，采收后分级、包装、销售。

八、采后管理

葡萄采后一般已揭去棚膜，植株处于露天之下，需要一个转换适应阶段，促进枝条老熟、花芽分化、防治病虫害是这一阶段的主要工作：

1. 采后重剪

对一些弱光下不易形成花芽的品种，果实采收后要及时重剪，促发冬芽萌发抽生新的结果母枝，在露天强光照下形成花芽，为下一年正常结果奠定基础。

2. 叶面喷肥

常用的叶面肥为 0.3％磷酸二氢钾和 0.5％尿素混合液，每 7～10 天喷 1 次，喷 2～3 次，能促进枝条老熟。

3. 病虫害防治

重点防治霜霉病和白腐病，特别是降雨多的地区或年份，尤其需要注意，以免造成叶片过早脱落，甚至逼发冬芽。

第八章

葡萄病虫害的防治

　　由于葡萄病虫害的巨大经济重要性，通常采取严格的植物检疫措施来控制疾病的爆发。减少疾病接种和感染传播以及减少虫害爆发的栽培技术包括：冠层管理（开放的树冠可以促进降雨后的快速干燥，减少荫翳，以最大限度地渗透和覆盖）以及营养和灌溉管理（合理的肥料和水施用量，避免过度活力）。此外，成功的疾病管理往往需要大量使用昂贵的杀虫剂来优化控制和管理病原体的抗药性。尽管使用杀虫剂的方法对真菌和类似真菌的病原体作用效果显著，但对于大多数细菌和病毒却完全起不了作用。植物一旦受害，细菌和病原菌就会利用从宿主上获得的新种植材料（通常是插条或芽）通过营养繁殖的方式传播到新植株上。一些病毒通过昆虫或线虫载体进一步分布到健康植株中。与其他病原体相比，细菌和病毒不能根除或有任何治疗或治疗控制措施，除非破坏感染的植物。本章主要介绍了危害设施栽培葡萄的病虫害以及防治病虫害的措施。

一、病害

（一）霜霉病

　　葡萄霜霉病是一种世界性的葡萄病害。我国各葡萄产区均有分布，尤其在多雨潮湿地区发生普遍，是葡萄主要病害之一。

1. 症状

葡萄霜霉病主要危害叶片，也能侵染新梢幼果等幼嫩组织。叶片被害，初生淡黄色水渍状边缘不清晰的小斑点，以后逐渐扩大为褐色不规则形或多角形病斑，数斑相连变成不规则形大斑。天气潮湿时，于病斑背面产生白色霜霉状物，即病菌的孢囊梗和孢子囊。发病严重时病叶早枯早落。嫩梢受害，形成水渍状斑点，后变为褐色略凹陷的病斑，潮湿时病斑也产生白色霜霉（图 8-1，彩图）。病重时新梢扭曲，生长停止，甚至枯死。卷须、穗轴、叶柄有时也能被害，其症状与嫩梢相似。幼果被害，病部褪色，变硬下陷，上生白色霜霉，很易萎缩脱落。果粒半大时受害，病部褐色至暗色，软腐早落。果实着色后不再侵染。

图 8-1 葡萄霜霉病

2. 发生时期

葡萄霜霉病菌以卵孢子在病组织中越冬，或随病叶残留于土壤中越冬。次年在适宜条件下卵孢子萌发产生芽孢囊，再由芽孢囊产生游动孢子，借风雨传播，自叶背气孔侵入，进行初次侵染。经过 7～12 天的潜育期，在病部产生孢囊梗及孢子囊，孢子萌发产生游动孢子进行再次侵染。孢子囊萌发适宜温度为 10～15 摄氏度。游动孢子萌发的适宜温度为 18～24 摄氏度。秋季低温，多雨多露，易引起病害流行。果园地势低洼、架面通风不良树势衰弱，有利于病害发生。

3. 病害流行的条件

病菌以卵孢子在病组织中或随病残体在土壤中越冬，可存活 1～2 年。翌年春季萌发产生芽孢囊，芽孢囊产生游动孢子，借风雨传播到寄主叶片上，通过气孔侵入，菌丝在细胞间隙蔓延，并长出圆锥形吸器伸入寄主细胞内吸取养料，然后从气孔伸出孢囊梗，产生孢子囊，借风雨进行再侵染。病害的潜育期在感病品种上只有 4～13 天，抗病品种则需 20 天。秋末病菌在病组织中经藏卵器和雄精器配合，形成卵孢子越冬。

气候条件对发病和流行影响很大。该病多在秋季发生，是葡萄生长后期病害，冷凉潮湿的气候有利发病。病菌卵孢子萌发温度范围 13～33 摄氏度，适宜温度 25 摄氏度，同时要有充足的水分或雨露。孢子囊萌发温度范围 5～27 摄氏度，适宜温度 10～15 摄氏度，并要有游离水存在。孢子囊形成温度 13～28 摄氏度，15 摄氏度左右形成孢子囊最多，要求相对湿度 95％～100％。游动孢子产出温度范围 12～30 摄氏度，适宜温度 18～24 摄氏度，须有水滴存在。试验表明：孢子囊有雨露存在时，21 摄氏度萌发 40％～50％，10 摄氏度时萌发 95％；孢子囊在高温干燥条件能存活 4～6 天，在低温下可存活 14～16 天；游动孢子在相对湿度 70％～80％时能侵入幼叶，相对湿度在 80％～100％时老叶才能受害。因此秋季低温、多雨易引致该病的流行。

4. 防治方法

（1）清除菌源　秋季彻底清扫果园，剪除病梢，收集病叶，集中深埋或烧毁。

（2）加强果园管理　及时夏剪，引缚枝蔓，改善架面通风透光条件。注意除草、排水、降低地面湿度。适当增施磷钾肥，对酸性土壤施用石灰，提高植株抗病能力。

（3）避雨栽培　在葡萄园内搭建避雨设施，可防止雨水的飘溅，从而有效切断葡萄霜霉病病原菌的传播，对该病具有明显防效。

（4）生物防治 萌芽前半个月：使用药剂溃腐灵60～100倍液进行全园喷施，杀灭病菌，营养树体。展叶开花期：使用靓果安300倍液与沃丰素600倍加上有机硅喷雾2次，每次间隔10天。（保花，此时灰霉病、黑痘病高发）；第一次生理落果期：使用靓果安300～500倍液加上沃丰素600倍加上有机硅喷雾。（保果，此时灰霉病、黑痘病高发）；果实生长期：使用靓果安300～500倍和沃丰素600倍进行定期喷雾，基本每次间隔10～15天。（雨季为霜霉病、白粉病、炭疽病、褐斑病病害高发期）；秋季采果后：使用溃腐灵200～300倍与沃丰素600倍和有机硅进行喷雾1次；落叶2/3后，使用溃腐灵60～100倍液进行全园喷施，杀灭病菌，营养树体。

（二）白粉病

白粉病是南方地区常见的五大病害之一，特别对叶片和果粒的威胁较重。

1. 症状

葡萄白粉病主要危害叶片、枝梢及果实等部位，以幼嫩组织最敏感。葡萄展叶期叶片正面产生大小不等的不规则形黄色或褪绿色小斑块，病斑正反面均可见有一层白色粉状物，粉斑下叶表面呈褐色花斑，严重时全叶枯焦（图 8-2，彩图）；新梢和果梗及穗轴初期表面产生不规则灰白色粉斑，后期粉斑下面形成雪花状或不规则的褐斑，可使穗轴、果梗变脆，枝梢生长受阻；幼果先出现褐绿斑块，果面出现星芒状花纹，其上覆盖一层白粉状物，病果停止生长，有时变成畸形，果肉味酸，开始着色后果实在多雨时感病，病处裂开，后腐烂。

图 8-2 葡萄白粉病

2. 成因

病原菌以菌丝体在被害组织上或芽鳞片内越冬，来年春季产生分生袍子，借风力传播到寄主表面；菌丝上产生吸器，直接伸入寄主细胞内吸取营养，菌丝则在寄主表面蔓延，果面、枝蔓以及叶面呈暗褐色，主要受吸器的影响。分生孢子萌发的最适温度为 25～28 摄氏度，温度较低时也能萌发。葡萄白粉病一般在 6 月中旬、下旬开始发病，7 月中旬渐入发病盛期。夏季干旱或闷热多云的天气有利于病害发生。葡萄栽植过密，枝叶过多，通风不良时利于发病。

3. 防治方法

(1) 农业防治　秋末彻底清除病叶、病果、病枝，集中烧毁或深埋；在生长期要及时摘心、绑蔓、除副梢，改善通风、透光条件；雨季注意排水防涝，喷磷酸二氢钾和根施复合肥，增强树势，提高抗病力。

(2) 生物防治　在发病前使用奥-力-克（速净）300 倍液稀释，进行植株全面喷施，预防病害发生。用药次数根据具体情况而定，一般间隔期为 7～10 天喷施 1 次。治疗：发病初期，使用奥-力-克（速净）50 毫升＋大蒜油 15 毫升，兑水 15 千克，连用 2 天，即可控制病情，以后采取预防方案进行预防。

(3) 药剂防治　在葡萄芽膨大而未发芽前喷波美 3～5 波美度石硫合剂或 45% 晶体石硫合剂 40～50 倍液；6 月开始每 15 天喷 1 次波尔多液，连续喷 2～3 次进行预防；发病初期喷药防治，3 亿 CFU 克哈茨木霉菌可湿性粉剂 300 倍喷雾，25％苯醚甲环唑 1500 倍喷雾，70％甲基硫菌灵可湿性粉剂 1000 倍液，乙嘧酚 1000～1200 倍液，嘧菌酯 800 倍液（防效高达 90％以上），40％多·硫悬浮剂 600 倍液，50％硫悬浮剂 200～300 倍液，醚菌酯 800～1000 倍液，50％硫悬浮剂 200～300 倍液，20％三唑酮乳油 2000～3000 倍液，25％腈菌唑 600～800 倍液，三唑酮·硫（三唑酮·硫黄）悬浮剂 2000 倍液。

（三）灰霉病

葡萄灰霉病俗称"烂花穗"，又叫葡萄灰腐病，病原菌为灰葡萄孢。葡萄灰霉病是目前世界上发生比较严重的一种病害，在所有储藏病害中，它所造成的损失最为严重。

1. 症状

葡萄灰霉病主要为害花、叶和果实，也侵害叶片和叶柄。发病多从花期开始，病菌最初从将开败的花或较衰弱的部位侵染，使花呈浅褐色坏死腐烂，产生灰色霉层。叶多从基部老黄叶边缘侵入，或沿花瓣掉落的部位侵染，形成近圆形坏死斑，其上有不甚明显的轮纹；果实染病初呈水渍状灰褐色坏死，随后颜色变深，果实腐烂，表面产生浓密的灰色霉层（图8-3，彩图）。叶柄发病，呈浅褐色坏死、干缩，其上产生

图 8-3　葡萄灰霉病

稀疏灰霉。

2. 发生时期

此病以分生孢子或菌核在病穗、病果上越冬，当气温在 15～20 摄氏度时开始传播。露地葡萄初侵染期在 5 月上中旬，大棚葡萄发病早。一般的发病时间平均在葡萄开花前 7～10 天，所以农民把灰霉病的发生当做计算花期的标准。灰霉病在花前发生较轻，有时会一晃而过。末花期到落果期发病重。此期若大棚湿度高，外界气温低（特别是阴雨天），是灰霉病侵染高峰，但不会表现，等到天气晴好，温度升高以后，病状迅速出现，已再无法防治。灰霉病发生需要的湿度并不很高，有的年份花期并不下雨，但只要早上、夜里有露水时就足够了。重要的是温差，开花期温差大的年份发病重。

3. 成因

病原菌以菌丝和菌核及分生孢子在被害部位越冬，第2年春季温度回升，遇雨或湿度大时萌发，借气流传播，侵染花穗，病斑上又可形成分生孢子，引起再侵染并引起浆果发病。发病的最适温度为18摄氏度，相对湿度94%。通风不良，湿度大，昼夜温差大，偏施氮肥，葡萄易发病。品种间抗病性差异很大。一年中有2次发病期，第1次在开花前后，此时温度低，空气湿度大，造成花序大量被害；第2次在果实着色至成熟期，如遇连雨天，引起裂果，病菌从伤口侵入，导致果粒大量腐烂。该病的发病温度为5～31摄氏度，最适宜发病温度为20～23摄氏度，空气相对湿度在85%以上，达90%以上时发病严重。在春季多雨，气温20摄氏度左右，空气湿度超过95%达3天以上的年份均易流行灰霉病。此外，管理措施不当，如枝蔓过多，氮肥过多或缺乏，管理粗放等，都可引起灰霉病的发生。葡萄在储藏期间也易发生此病。

4. 防治方法

① 细致修剪，剪净病枝蔓、病果穗及病卷须、

彻底清除于室（棚）外烧毁或深埋。以清除病原。

②注意调节室（棚）内温湿度，白天使室内温度维持在 32～35 摄氏度，空气湿度控制在 75％左右，夜晚室（棚）内温度维持在 10～15 摄氏度，空气湿度控制在 85％以下，可抑制病菌孢子萌发，减缓病菌生长，控制病害的发生与发展。

③合理施肥。施以腐熟农家肥为主的基肥。在葡萄果实生长期增施磷钾肥，补施硼锌等微肥。防治偏施氮肥，植株过密而徒长，影响通风透光，降低抗性。

④果穗套袋，消除病菌对果穗的危害。

⑤重点预防时期：花期、幼果期。在发病前使用奥-力-克（霉止）300 倍液稀释，进行植株全面喷施，用药次数根据具体情况而定，一般间隔期为 7～10 天喷施 1 次。

⑥治疗：发现初期，使用霉止 50 毫升＋大蒜油 15 毫升兑水 15 千克，连用 2 天。发病中后期，按霉止 50 毫升＋靓果安 50 毫升＋大蒜油 50 毫升，兑水 15 千克进行喷施，3 天一次，连用 2 到 3 次即可控制病情，以后采用预防方案进行预防。

（四）炭疽病

葡萄炭疽病又名晚腐病，在中国各葡萄产区发生较为普遍。为害果实较严重，在南方高温多雨的地区，早春也可引起葡萄花穗腐烂。

1. 症状

病原菌主要为害接近成熟的果实，所以也称"晚腐病"病菌，侵害果梗和穗轴，近地面的果穗尖端果粒首先发病。果实受害后，先在果面产生针头大的褐色圆形小斑点，以后病斑逐渐扩大并凹陷，表面产生许多轮纹状排列的小黑点，即病菌的分生孢子盘。天气潮湿时涌出粉红色胶质的分生孢子团是其最明显的特征，严重时，病斑可以扩展到整个果面。后期感病时果粒软腐脱落，或逐渐失水干缩成僵果。果梗及穗轴发病，产生暗褐色长圆形的凹陷病斑，严重时全穗果粒干枯或脱落（图 8-4，彩图）。

图 8-4　葡萄炭疽病（刘长远提供）

2. 发生时期

越冬病菌于 6～7 月开始形成分生孢子，通过风、雨及昆虫传播到果穗上。一般年份，病害从 7 月上旬开始发生，8 月进入发病高峰期。病菌能直接从寄主表皮或皮孔、伤口侵入。病害的发生与降雨关系密切，降雨早，发病也早，多雨的年份发病重。果皮薄的品种发病较严重。早熟品种由于成熟期早，在一定程度上有避病的作用，晚熟品种往往发病较严重，土壤黏重、地势低、排水不良、坐果部位过低、管理粗放、通风透光不良均能招致病害严重发生。

3. 成因

病原菌主要是菌丝体在树体中的一年生枝蔓中越冬。翌年春天随风雨大量传播，潜伏侵染新梢、幼果。待温度为 20～29 摄氏度时，可在 24 小时内出现孢子。夏季葡萄着色成熟时，病害常大流行；降雨后数天易发病，天旱时病情扩展不明显，日灼的果粒容易感染炭疽病；栽培环境对炭疽病发生有明显影响，株行过密，双立架葡萄园发病重，宽行稀植园发病轻；施氮过多发病重，配合施用钾肥可减轻发病；该病先从植株下层发生，特别是靠近地面果穗先发病，后向上蔓延，沙土发病轻，黏土发病重；地势低洼、积水或空气不流通发病重。

4. 防治方法

① 秋季彻底清除架面上的病残枝、病穗和病果，并及时集中烧毁，消灭越冬菌源。

② 加强栽培管理，及时摘心、绑蔓和中耕除草，为植株创造良好的通风透光条件，同时要注意合理排灌，降低果园湿度，减轻发病程度。

③ 预防：将奥-力-克（速净）300 倍液稀释，进行植株全面喷施。用药次数根据具体情况而定，一般间隔期为 7～10 天喷施 1 次。发现初期，使用速净50 毫升＋大蒜油 15 毫升，兑水 15 千克进行喷雾，连用 2 天。发病中后期：使用奥-力-克速净 75 毫升＋大蒜油 15 毫升＋内吸性强的化学药剂，兑水 15 千克进行喷雾，3 天一次，连用 2～3 次，即可控制病情。

④ 果穗套袋是防葡萄炭疽病的特效措施。套袋的时间宜早不宜晚，以防早期幼果的潜伏感染。尤其对于不抗病的优质鲜食葡萄实行套袋，除免于炭疽病的侵染还可使葡萄无农药污染，是项很有价值的措施。

⑤ 喷洒 40％福美双 100 倍液或 3 度波美度的石硫合剂加 200 倍五氯酚钠药液或 38％噁霜嘧铜菌酯

800~1000 倍液，铲除越冬病原体。6 月下旬至 7 月上旬开始，每隔 15 天喷 1 次药，共喷 3~4 次。常用药剂有：50%退菌特 800~1000 倍液、净果精 600 倍液、70%兴农征露 750 倍液，或 56%嘧菌百菌清 600~800 倍液或多菌灵-井冈霉素 800 倍液。对结果母枝上要仔细喷布。退菌特是一种残效期较长的药剂，采收前 1 个月应停止使用。

（五）黑痘病

葡萄黑痘病又名疮痂病，俗称"鸟眼病"，是葡萄上的一种主要病害。主要危害葡萄的绿色幼嫩部位如果实、果梗、叶片、叶柄、新梢和卷须等。

1. 症状

叶受害后初期发生针头大褐色小点，之后发展成黄褐色直径 1~4 毫米的圆形病斑，中部变成灰色，最后病部组织干枯硬化，脱落成穿孔。幼叶受害后多扭曲、皱缩为畸形。果实在着色后不易受此病侵染。绿果感病初期产生褐色圆斑，圆斑中部灰白色，略凹陷，边缘红褐色或紫色似"鸟眼"状，多个小病斑联合成大斑；后期病斑硬化或龟裂。病果小、味酸、无食用价值（图 8-5，彩图）。新梢、叶柄、果柄、卷须感病后最初产生圆形褐色小点，以后变成灰黑色，中部凹陷成干裂的溃疡斑，发病严重的最后干枯或

图 8-5　葡萄黑痘病

枯死。

2. 发生时期

病菌主要以菌丝体潜伏于病蔓、病梢等组织越冬，也能在病果、病叶痕等部位越冬。病菌生活力很强，在病组织可存活 3～5 年之久。第二年 4、5 月间产生新的分生孢子，借风雨传播。孢子发芽后，芽管直接侵入幼叶或嫩梢，引起初次侵染。侵入后，菌丝主要在表皮下蔓延。以后在病部形成分生孢子盘，突破表皮，在湿度大的情况下，不断产生分生孢子，通过风雨和昆虫等传播，对葡萄幼嫩的绿色组织进行重复侵染，温湿条件适合时，6～8 天便发病产生新的分生孢子。病菌远距离的传播则依靠带病的枝蔓。分生孢子的形成要求 25 摄氏度左右的温度和比较高的

湿度。菌丝生长温度范围 10～40 摄氏度，最适为 30
摄氏度。潜育期一般为 6～12 天，在 24～30 摄氏度
温度下，潜育期最短，超过 30 摄氏度，发病受抑制。
新梢和幼叶最易感染，其潜育期也较短。欧洲品种的
葡萄容易感染黑痘病，欧美杂种当中的'MBA'（葡
萄品种名称）品种幼苗期易感染黑痘病，其他品种都
比欧洲品种有更强的抵抗力。

3. 成因

黑痘病的流行，和降雨、大气湿度及植株幼嫩情
况有密切关系，尤其与春季及初夏（4～6 月）雨水
多少的关系最大。多雨高湿有利于分生孢子的形成、
传播和萌发侵入；同时，多雨、高湿，又造成寄主幼
嫩组织的迅速成长，因此病害发生严重。天旱年份或
少雨地区，发病显著减轻。黑痘病的发生时期因地区
而异。

华南地区 3 月下旬至 4 月下旬，葡萄开始萌动展
叶时，温度条件已达到病菌活动的范围，又值梅雨
季，病害开始出现。6 月中下旬，温度上升到 28～30
摄氏度，经常有降雨，湿度大，植株长出大量嫩绿组
织，发病达到高峰，病害潜育期在最适条件下约 6～
10 天。7～8 月份以后温度超过 30 摄氏度，雨量减
少，湿度降低，组织逐渐老化，病情受到抑制，秋季

如遇多雨天气，病害可再次严重发生。

华北地区一般 5 月中下旬开始发病，6～8 月高温多雨季节为发病盛期，10 月以后，气温降低，天气干旱，病害停止发展。

华东地区于 4 月上中旬开始发病，梅雨季节气温升高，多雨、湿度大，为发病盛期，7～8 月份高温干旱，病情受抑制，9～10 月份如秋雨多，病情再度发展。

4. 防治方法

（1）**苗木消毒** 由于黑痘病的远距离传播主要通过带病菌的苗木或插条，因此，葡萄园定植时应选择无病的苗木，或进行苗木消毒处理。常用的苗木消毒剂有 10%～15% 的硫酸铵溶液；3%～5% 的硫酸铜液；硫酸亚铁硫酸液（10% 的硫酸亚铁加 1% 的粗硫酸）；3～5 波美度的石硫合剂等。方法是将苗木或插条在上述任一种药液中浸泡 3～5 分钟取出即可定植或育苗。

（2）**彻底清园** 由于黑痘病的初侵染主要来自病残体上越冬的菌丝体，因此，做好冬季的清园工作，减少次年初侵染的菌原数量和减缓病情的发展有重要的意义。冬季进行修剪时，剪除病枝梢及残存的病果，刮除病、老树皮，彻底清除果园内的枯枝、落叶、烂果等。然后集中烧毁。再用铲除剂喷布树体及树干四周的土面。常用的铲除剂有 $3\sim5$ 波美度的石硫合剂；80％五氯酚原粉稀释 $200\sim300$ 倍水，加 3 波美度石硫合剂混合液；10％硫酸亚铁加 1％粗硫酸。喷药时期以葡萄芽鳞膨大，但尚未出现绿色组织时为好。过晚喷洒会发生药害，过早喷洒效果较差。

（3）利用抗性品种 不同品种对黑痘病的抗性差异明显，葡萄园定植前应考虑当地生产条件、技术水平，选择适于当地种植，具有较高商品价值，且比较抗病的品种。如巨峰品种，对黑痘病属中抗类型，其他如康拜尔、玫瑰露、白香蕉等也较抗病黑痘病，可根据各地的情况选用。

（4）加强管理 除搞好田间卫生，尽量清除菌源外，应抓紧田间管理的各项措施，尤其是合理的肥水管理。葡萄园定植前及每年采收后，都要开沟施足优质的有机肥料，保持强壮的树势；追肥应使用含氮、磷、钾及微量元素的全肥，避免单独、过量施用氮肥，平地或水田改种的葡萄园，要搞好雨后排水，防止果园积水。行间除草、摘梢绑蔓等田间管理工作都要做得勤快及时，使园内有良好的通风透光状况，降低田间温度。这些措施都利于培强植株的抗性，而不利于病菌的侵染、生长和繁殖。在搞好清园越冬防治的基础上，生长季节，在开花前后各喷 1 次波尔多液或 500～600 倍的百菌清液，对控制黑痘病有关键作用。此后，每隔半月喷 1 次 1∶1∶200 的波尔多液，可有效控制黑痘病的发展。喷药前如能仔细地摘除已出现的病梢、病叶、病果等则效果更佳。

（六）褐斑病

1. 症状

又称斑点病、褐点病、叶斑病和角斑病等。褐斑病有大褐斑和小褐斑两种，主要为害中、下部叶片，病斑直径 3～10 毫米的为大褐斑病，其症状因种或品种不同而异。病斑小，直径 2～3 毫米的是小褐斑病，大小一致，叶片上现褐色小斑，中部颜色稍浅，潮湿时病斑背面生灰黑色霉层，严重时一张叶片上生有数十至上百个病斑，致叶片枯黄早落。有时大、小褐斑病同时发生在一张叶片上，加速病叶枯黄脱落（图 8-6，彩图）。

褐斑病是由葡萄假尾孢菌侵染引起，主要为害叶片，侵染点发病初期呈淡褐色、不规则的角状斑点，病斑逐渐扩展，直径可达 1 厘米，病斑由淡褐变褐，进而变赤褐色，周缘黄绿色，严重时数斑联结成大斑，边缘清晰，叶背面周边模糊，后期病部枯死，多雨或湿度大时发生灰褐色霉状物。有些品种病斑带有不明显的轮纹。小褐斑病为束梗尾孢菌寄生引起，侵

图 8-6　葡萄褐斑病（刘长远提供）

染点发病出现黄绿色小圆斑点并逐渐扩展为 2～3 毫米的圆形病斑。病斑部逐渐枯死变褐进而茶褐，后期叶背面病斑生出黑色霉层。

2. 成因

（1）寄主抗病性　品种间抗病性差异很大。高感品种有喀什哈尔、和田红、玛瑙等，中感品种有玫瑰香、小红玫瑰、吐鲁番红，美洲圆叶葡萄等，抗病品种有水晶、巨峰、无核白、巴格来等。马奶子葡萄则为免疫品种。

（2）气候因素　植株生长中后期雨水多时病害流行。

（3）栽培因素　浇水太多，田间湿度大，管理粗放，喷射赤霉素，枝叶旺长，密蔽潮湿或生长衰弱，结果太多，黄化病严重，氮肥太多，枝叶嫩，都促使病害加重。

分生孢子萌发和菌丝体在寄主体内发展需要高湿和高温，故在高湿和高温条件下，病害发生严重。褐斑病一般在5、6月初发，7～9月为发病盛期。多雨年份发病较重。发病严重时可使叶片提早1～2个月脱落，严重影响树势和第二年的结果。

3. 防治方法

（1）农业防治　因地制宜采用抗病品种。秋后彻底清扫果园，烧毁或深埋落叶，减少越冬病源。葡萄生长期注意排水，适当增施有机肥，增强树势，提高植株抗病力，生长中后期摘除下部黄叶、病叶，以利通风透光，降低湿度。

（2）化学防治　发病初期喷药50%消菌灵可溶性粉剂1500倍液，或1∶0.7∶200倍式波尔多液，或30%碱式硫酸铜悬浮剂400～500倍液，或70%代森锰锌可湿性粉剂500～600倍液，或75%百菌清可湿性粉剂600～700倍液，或50%甲基硫菌灵悬浮剂800倍液，或50%多菌灵可湿性粉剂700倍液。隔10～15天喷1次，连续防治3～4次。

（七）根癌病

葡萄根癌病，是一种细菌性病害，发生在葡萄的根、根颈和老蔓上，严重时植株干枯死亡。受害植株由于皮层及输导组织被破坏，树势衰弱、植株生长不良，叶片小而黄，果穗小而散，果粒不整齐，成熟也不一致。病株抽枝少，长势弱，严重时植株干枯死亡。

1. 症状

葡萄根癌病是一种细菌性病害，发生在葡萄的根、根颈和老蔓上。发病部分形成愈伤组织状的癌瘤，初发时稍带绿色和乳白色，质地柔软。随着瘤体的长大，逐渐变为深褐色，质地变硬，表面粗糙。瘤的大小不一，有的数十个瘤簇生成大瘤（图 8-7，彩图）。老熟病瘤表面龟裂，在阴雨潮湿天气易腐烂脱落，有腥臭味。受害植株由于皮层及输导组织被破坏，树势衰弱、植株生长不良，叶片小而黄，果穗小而散，果粒不整齐，成熟也不一致。病株抽枝少，长势弱，严重时植株干枯死亡。

2. 发生时期

根癌病由土壤杆菌属细菌所引起。该种细菌可以浸染苹果、桃、樱桃等多种果树，病菌随植株病残体在土壤中越冬，条件适宜时，通过剪口、机械伤口、虫伤、雹伤以及冻伤等各种伤口侵入植株，雨水和灌溉水是该病的主要传播媒介，苗木带菌是该病远距离

图 8-7 葡萄根癌病（柴荣耀提供）

传播的主要方式。细菌侵入后刺激周围细胞加速分裂，形成肿瘤。病菌的潜育期从几周至一年以上，一般 5 月下旬开始发病，6 月下旬至 8 月为发病的高峰期，9 月以后很少形成新瘤，温度适宜，降雨多，湿度大，癌瘤的发生量也大；土质黏重，地下水位高，排水不良及碱性土壤，发病重。起苗定植时伤根、田间作业伤根以及冻害等都能助长病菌侵入，尤其冻害往往是葡萄感染根癌病的重要诱因。品种间抗病性有所差异，玫瑰香、巨峰、红地球等高度感病，而龙眼、康太等品种抗病性较强。砧木品种间抗根癌病能力差异很大，SO4、河岸 2 号、河岸 3 号等是优良的抗病性砧木。

3. 防治方法

（1）繁育无病苗木　无病苗木是预防根癌病发生的主要途径。一定要选择未发生过根癌病的地块做育苗苗圃，杜绝在患病园中采取插条或接穗。在苗圃或初定植园中，发现病苗应立即拔除并挖净残根集中烧毁，同时用 1‰硫酸铜溶液消毒土壤。

（2）苗木消毒处理　在苗木或砧木起苗后或定植前将嫁接口以下部分用 1‰硫酸铜浸泡 5 分钟，再放于 2‰石灰水中浸 1 分钟，或用 3‰次氯酸钠溶液浸 3 分钟，以杀死附着在根部的病菌。

（3）加强田间管理　在田间发现病株时，可先将癌瘤切除，然后抹石硫合剂渣液、福美双等药液，也可用 50 倍菌毒清或 100 倍硫酸铜消毒后再涂波尔多液。对此病均有较好的防治效果。

（4）加强栽培管理　多施有机肥料，适当施用酸性肥料，改良碱性土壤，使之不利于病菌生长。农事操作时防止伤根。田间灌溉时合理安排病区和无病区的排灌水流向，以防病菌传播。

（5）生物防治 内蒙古园艺研究所由放射土壤杆菌 MI15 生防菌株生产出农杆菌素和中国农业大学研制的 E76 生防菌素，能有效地保护葡萄伤口不受致病菌的侵染。其使用方法是将葡萄插条或幼苗浸入 MI15 农杆菌素或 E76 生防菌素稀释液中 30 分钟或喷雾即可。

二、虫害

（一）柳蝙蛾

1. 被害状

幼虫先取食地表落叶层下的腐殖质，最后幼虫会转移到葡萄树上，在离地面比较近的枝条上环状剥皮，黏上虫粪后挖洞进葡萄树里。

2. 形态特征与生活习性

成虫体长 3.4～4.5 厘米，体暗褐色，幼虫头部为褐色，体白色，每一节都有褐色斑纹。

柳蝙蛾以幼虫做茧在虫卵里越冬，这时是 2 年 1 代，8～10 月份变成成虫，在地里产下数千到约 1 万粒卵，翌年春天被孵化的幼虫（图 8-8，彩图）会在各种草本植物中穿孔生活，然后转移到像葡萄树等木本植物上，在每一节间进行环状剥皮，最后会在所穿掉的洞口上面吐丝结包，当吃到中心部的时候把排泄

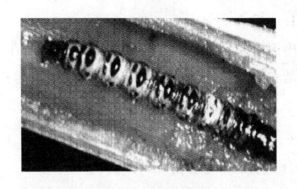

图 8-8　柳蝙蛾幼虫

物排出到体外，堵住自己所穿的孔。

3. **防治方法**

① 发生得不均匀，所以无法一次性完全解决掉，要经常观察葡萄树，找出虫子所穿的孔。

② 一旦发现有痕迹的时候用铁丝做成铁钩，把虫子挖出来。

③ 用注射器注射木醋液。

④ 葡萄地周围的草都要割掉。

⑤ 实施生草栽培的时候把葡萄树周围直径 1 米左右的地面上的杂草全部拔掉。

⑥ 早春时期用石硫合剂或是机械乳油在葡萄树的主枝上涂一层。

⑦ 周期性地喷布天然植物农药。

(二) 葡萄透翅蛾

1. 被害状

中国中部一般 4～5 月化蛾，在结果枝条附近产卵，幼虫向下危害髓部形成直径 2～3 毫米的孔道，孔道以上部枝叶枯萎，有幼虫的部分鼓上来。

2. 形态特征与生活习性

① 成虫：形态像蜜蜂，体长 15～18 毫米，翅展 29～34 毫米，体黑色，腹部有黄色横带。前翅赤褐色，前缘及翅脉黑色，后翅透明（图 8-9，彩图）。

图 8-9　葡萄透翅蛾成虫

② 幼虫：体长 35～38 毫米，头部赤褐色，嘴黑色，体为淡黄色，全身都有赤紫色细毛（图 8-10，彩图）。

③ 蛹：全体为褐色，长 18 毫米。

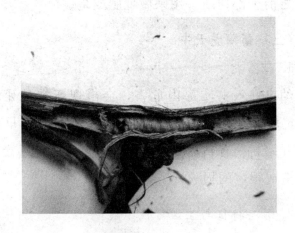

图 8-10　葡萄透翅蛾幼虫

④ 1 年发生 1 代，幼虫在葡萄枝蔓中越冬，5～6 月成虫开始羽化。

3. 防治方法

① 冬天修剪时观察枝蔓，如有鼓起来的部分就要修剪掉，因为幼虫在那个部分越冬。

② 5 月末至 6 月上旬前后摘掉叶子，消灭叶子里的幼虫。

③ 6 月上旬开始抓成虫，防治产卵。用水 2 升；速成木醋液 60～100 毫升；镁 40 克；傍晚时全面喷洒，每隔 2～3 天喷一次，连续施用 2～3 次。就能消灭害虫。

④ 处理修剪后的枝条：冬天所修剪过的枝条在

解冻之前全部切断，用来做堆肥或是烧掉。

（三）葡萄虎天牛

1. 被害状

幼虫蛀入木质部内危害，会出现新梢枯死的现象。5月份在此部位会流出树液，所以能在早期发现。开始新梢有枯萎断枝的现象，严重时几乎没有收成，造成很大的损失。

2. 形态特征与生活习性

① 成虫：体长 8～15 毫米，体色为黑色，胸部赤褐色，鞘翅为黑色，鞘翅基部有一个"X"型的黄色斑纹，近末端有一条黄色的横纹（图 8-11，彩图）。

图 8-11 葡萄虎天牛

②　幼虫：体长 10～17 毫米，全体为淡黄色，头部比较小，牙齿为黑色，非常硬。

③　蛹：体色为淡黄色，体长 12～15 毫米。

④　每年发生 1 代，以幼虫在主蔓内越冬。5～6 月份开始侵入在枝内蛀食。成虫 7～9 月产卵于芽的鳞片间隙内和树皮上。

⑤　产卵后的 6～10 天，开始孵化蛀食芽和树皮。

3. 防治方法

①　做好修剪枝条的处理：冬天修剪过的葡萄树枝条必须在开春之前全部切断，以堆肥来进行发酵，或直接烧掉，以免虫害的发生。

②　彻底剥掉树皮："立春"之后，必须马上把葡萄树皮彻底剥掉，剥完的树皮要扔到外面烧掉。在南方，气候比较暖和，最好是在秋季或是在初冬剥掉，效果更好。

③　涂一层石硫合剂：剥完全部的葡萄树皮之后涂一层 5 波美度的石硫合剂。

④　涂一层机制乳油：水 20 升；机制乳油 50～100 毫升；蒜汁（5～10 个）；米糠 1 千克。

兑水稀释之后，用刷子涂一层在剥掉树皮的部分和主枝部位。

⑤　引诱成虫：水 20 升；红糖 5 千克；米醋 100

毫升；少量杀虫剂。装进酒瓶里至 50% 左右，以 45 度挂在葡萄树上，有很多成虫会死在里面。

⑥ 在外部购买苗木，要确认是否有虫害，确认购买苗木的地区容易发生的病虫害。

⑦ 种植苗木之前进行消毒，首先在速成木醋液里泡 1 小时进行消毒，然后再种。

（四）葡萄三点斑叶蝉

1. 被害状

雨季在枝条徒长、密植、新梢茂盛的葡萄园里，会有比蚊子小一点的虫子飞来飞去惹人讨厌，这个虫子就是三点斑叶蝉。这种虫子的成虫和幼虫会粘在叶子的背面吸食叶汁，叶片上会出现灰白色的小点。严重时会使叶片丧失功能，导致早期落叶。这时候葡萄叶的颜色是绿色的叶片上出现越来越多的黄色、白色斑点，最终会影响叶片的光合作用，妨碍葡萄的着色，无法正常收获。

2. 形态特征与生活习性

① 成虫：体色为黄绿色，身上有暗色斑点。头顶有两个明显的黑色斑。体长 3.7 毫米左右，全身都有褐色斑点（图 8-12，彩图）。

② 幼虫：体色为黄白色，体长为 2.5 毫米。幼虫也会在叶子的背面吸汁。幼虫经过 3~5 星期之后

图 8-12 葡萄三点斑叶蝉

会重新变成成虫。

③ 卵：黄白色，比较硬。

成虫会在 2～3 个星期后将卵产于叶子的背面。

④ 生活习性：成虫会在草地上或是落叶里越冬，卵会产在叶片背面叶脉的表皮下，6 月中旬出现第一代成虫，8 月上中旬会出现第二代成虫。9 月中下旬会出现第三代成虫。

3. 防治方法

（1）除掉葡萄园周围的杂草 葡萄园周围的田间或篱笆都是越冬场所。所以早期开始除掉杂草，清洁管理。实行生草制的葡萄园也不能留太高的杂草，每到 20～30 厘米时割掉一次。

（2）使用速成木醋液 水 20 升，速成木醋液 60～80 毫升，豆浆 100 毫升，米醋 40 毫升，镁

40 克。

充分搅拌之后到傍晚时开始喷布药液。用小型消毒器经常喷布为佳。

（3）波尔多液 6 月中旬开始喷布，欧洲品种，6-3 式波尔多液。欧美杂种，以 6-6 式石灰波尔多液比例喷布 2～3 次。

（4）利用粘贴纸 市场上买的黄色粘贴纸比较容易贴住三点斑叶蝉，这是一种双面有引诱害虫的特殊成分的固体胶，三点斑叶蝉比较多的果园每 1.5 亩（667 米²）用 20 张左右即可。

从 5 月中旬开始贴在地里，约有 1 年时间可以见效。

（五）缨翅

1. 被害状

对葡萄叶和果实，特别是对幼果树危害性很大，新叶片上会出现小斑点，严重时叶子也都会被卷起，幼果上会出现灰白色或是褐色的斑点，降低了水果的品质，严重时叶片的背面会变色，表皮会变成软木，葡萄粒上会出现斑点。

2. 形态特征与生活习性

虫子体长 0.8～0.9 毫米，体色为黄色，头部短，触角 8 节，第三节以下为暗褐色，腹部的第 3～8 节上会有暗褐色的横纹。鞘翅很细，全身有毛（图8-13，彩图）。

图 8-13　缨翅

每年联系发生 5～6 次，成虫会在树皮下或是芽里越冬，翌年 4 月份开始活动，5～6 月和 8～9 月发生较多。

这种幼虫会加害幼叶，也会影响果粒。大棚里的葡萄比陆地上的葡萄虫害严重。每一代的期间大约有 15 天，成虫的寿命是 7 天左右。

3. 防治方法

（1）经常割掉杂草　实施生草制的果园要周期性地割去杂草，一般草长 20～30 厘米割去为好，杂草长得越高虫子也会越繁盛。

（2）彻底做好通风、换气　换气功能比较差的塑料大棚农场和通风性差的平地果园发生虫害更严重，应加以注意。

（3）缺乏营养，树势弱的部分会最先开始发生虫害，所以要彻底做好营养管理。

（4）早期预防　水20升；速成木醋液80～100毫升；镁40毫升；豆浆100毫升；红糖100克（煮30分钟之后再使用）；中药营养剂50毫升。充分搅拌以上材料，在露水干掉之前喷布药剂，虫害严重时每隔1～2天喷布3次，缨翅就会在叶片上枯掉。

注意：防治蚜虫时也可用同样的方法。

（六）粉蚧

1. 被害状

潜藏在老蔓的翘皮下吸汁进行危害、降低树势。4月下旬开始吸汁，5月中、下旬开始长成成虫。

孵化之后幼虫会寄生在结果枝条的叶片背面，其排泄物会带来黑粉病。

2. 形态特征与生活习性

雄性成虫的卵囊直径4～5毫米，褐色至浓褐色。雌性成虫体长1.5毫米，翅长为2.5毫米左右。头部和胸部为赤褐色，触角和腿是淡黄色（图8-14，彩图）。

每年发生1代。4月下旬开始吸汁，5月下旬成

图 8-14　粉蚧

为成虫。此时卵囊为圆形，颜色为褐色。到产卵期时卵囊会变硬，颜色也会变得更浓。5 月下旬至 6 月在卵囊内产下数百个卵，被孵化的成虫会移动到叶片的背面，随着叶脉吸汁，最后在落叶之前移动到枝条上开始越冬。

3. 防治方法

（1）喷布石硫合剂　冬天必须要喷布 5 波美度的石硫合剂，充分喷布到全部的枝条上。

（2）喷布机械油剂　要在发芽前 1 个月喷布，且注意喷布石硫合剂 1 个月内不能再喷布机制油剂，否则有药害危险。

（3）欧洲品种比欧美品种虫害现象更严重。

（4）6～7 月份时幼虫的卵囊不太硬，像果冻一样很柔软。捏住它会碎掉。

（七）葡萄根瘤蚜

1. 被害状

寄生在根系和叶片上汲取汁液，因此造成根瘤，急速降低葡萄的生长速度，严重时葡萄树会枯死。

4 月末，结束越冬的卵会孵化成成虫，爬到叶子上会形成虫瘿，成熟之后就会孤雌生殖，产下卵，葡萄根系的根瘤蚜在发病初期会出现的症状是降低树势，叶片的边缘枯掉或是落叶，会长出没有籽的果实或是小果。发芽也不均一，部分树会枯死。

2. 形态特征与生活习性

形态和习性与蚜虫很相似，但是形态上会有不同，体色为绿黄色，体长 1 毫米，形状为卵形，也有带翅膀，幼虫很小，体长为 0.3～0.7 毫米。

每年发生 6～9 代，以卵或幼虫的形态寄生在土壤里或是根系来越冬。危害性最大的时期是 5～10 月发生新根系期。

秋后 4 龄若虫钻进地面，蜕皮变成有翅型根瘤蚜，以孤雌生殖产卵在枝蔓或叶背面（图 8-15，彩图），卵有大小两种，大型卵孵化成无翅雌蚜，小型卵孵化成有翅雄蚜，这两种有性型根瘤蚜均无喙，不

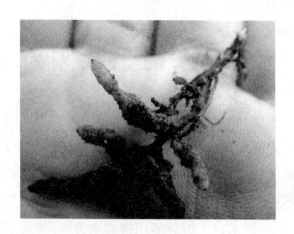

图 8-15　葡萄根瘤蚜

取食，孵化出后就能交配产卵，产卵在根或枝的翘皮下越冬。

葡萄根瘤蚜专性寄生葡萄。

3. 防治方法

（1）栽种嫁接苗　利用抗性比较强的砧木进行嫁接栽培，可以有效地解决这种虫害。

（2）烧掉修剪枝条　冬天修剪过的枝条在开春之前切断之后做成完熟堆肥，或者烧掉，集体栽培葡萄的地区必须要在开春之前解决掉全部修剪枝条，这是最重要的。

（3）灌注速成木醋液　水 20 升；速成木醋液 100～200 毫升；中药营养剂 50～100 毫升；微量元

素营养剂 20 克。

混合以上材料之后灌注于葡萄树根系。每一棵树上灌注 5～10 升为好。时期：春季 5 月中旬，10 月初施用两次。

（4）施用完整堆肥　施用有味的未熟堆肥时土壤里会有大量病害发生，地上部也会发生许多蚜虫。必须要在葡萄园的土壤深处使用完熟堆肥。土壤有机质含量达到 5％以上，酸碱度为中性，耕作土的深度达到 50～70 厘米以上时就不用担心虫害。

（5）实施有机农业　以实施有机农业恢复土壤物理结构的时候，葡萄树就会很健壮，可分泌害虫不喜欢的各种激素，起避害作用。

（6）施用高级有机质肥料　受到葡萄根瘤蚜危害的葡萄园大部分都是化学农业地区。高级有机质肥料含有均衡的速效性营养成分和持续性营养成分，也有过多元素、微量元素、麦饭石，能持续性维持养分。

（7）以机械油剂做处理　秋季落叶之后喷布 1 次，春季发芽之前的 40～45 天喷布 1 次。

（8）喷布烟草粉末　在每一株葡萄树根系上喷布 0.1～0.5 千克的烟草粉末，要和土一起掺和后再使用，每当下雨或是灌水时，烟碱成分会进入到土壤中。

(八) 金龟子

1. 被害状

成虫会吃掉叶片，还会加害花、果、新梢。成虫会在葡萄叶片上掏出很多孔，从边缘加害叶片，会成群飞来带来危害。8月中旬至9月份可成群吃掉成熟的果粒。

2. 形态特征与生活习性

每年发生一代，以幼虫的形态在土壤里越冬，5～9月出现。

土壤里的幼虫主要是吃根系，成虫杂食，但还是最喜欢葡萄根系。成虫体长2.0～2.1厘米，前胸和前段有大小不一的白星点纹，就是白色龟子；有光泽，全身黑色，前段有3双纵隆线，前胸背面有大的点纹，前胸膜有淡褐色的细毛，就是金龟子（图8-16，彩图）。

3. 防治方法

① 5月末至6月上旬喷布波尔多液时金龟子就无法加害叶子。

② 将波尔多液与速成木醋液混合使用，也可控制虫害。

③ 清晨时摇晃葡萄树，很多虫子会掉下来，这时候可抓住金龟子消灭掉。

图 8-16 金龟子

④ 金龟子在白天躲在草地上，每到早晨或是晚上就会加害叶片。可事先割掉地里的杂草来加以防范。

参 考 文 献

[1] 房经贵，王涛，杨光. 浙江温岭市大棚葡萄生产简介 [J]. 中外葡萄与葡萄酒，2009 (1)：39-40.

[2] 程前，陶然，程传云等. 葡萄 "飞鸟型" 篱架抗风简易避雨棚栽培技术 [J]. 中外葡萄与葡萄酒，2013 (6)：40-41.

[3] 张超博，纠松涛，王梦琦等. 夏黑葡萄功能叶的留叶数对果实品质和产量的影响 [J]. 中外葡萄与葡萄酒，2016 (5)：46-47.

[4] 丁峰，吴伟民，钱亚明等. 设施葡萄病虫害防治规范 [J]. 农药市场信息，2014 (5).

[5] 任敬朋，刘凯，李玉平等. 济宁地区设施栽培葡萄常见病虫害综合防治对策 [J]. 农民致富之友，2017 (14)：66-66.

[6] 陈友良，魏有明，杜卫红等. 设施栽培葡萄病虫害防治技术 [J]. 现代农业科技，2009 (20)：182-182.

[7] 宣景宏，孙喜臣，张永顺等. 优质节本高效葡萄设施栽培生产技术 [C] // 现代果树示范区创建暨果树优质高效标准化生产技术交流会论文汇编. 2012.

[8] 付超，周雪玲，华东来. 新疆高寒地区葡萄设施栽培病虫害防治技术 [J]. 西北园艺：果树专刊，2007 (6)：24-24.

[9] 聂君，任晓远. 葡萄优质高效栽培技术. 北京：化学工业出版社，2014.

[10] 夏湛河，谢志强，王晓龙等. 设施红提葡萄优质高产栽培技术 [J]. 现代农业科技，2014 (24)：108-109.

[11] 马全增，解金斗. 葡萄高效栽培教材——科技兴农富民培训教材. 北京：金盾出版社，2005.

[12] 孙军平. 葡萄高产栽培及病虫害防治技术 [J]. 中国果菜，2012 (11)：19-20.

[13] 王江柱，赵胜建，解金斗. 葡萄高效栽培与病虫害看图防治. 北京：化学工业出版社，2011.

[14] 孙海生．图说葡萄高效栽培关键技术．北京：金盾出版社，2009．

[15] 朱盼盼，王录俊，李蕊等．渭南地区设施葡萄促早栽培优质高效生产关键技术［J］．中外葡萄与葡萄酒，2017（4）：68-70．

[16] 强建才．榆林温室葡萄优质丰产高效栽培技术．西安：西安地图出版社，1900．

[17] 杨秀华，陈炳强，张艳．设施葡萄栽培病虫害综合防治方法［J］．植物医生，2006，19（1）：17-1

[18] 刘捍中 刘凤之．葡萄无公害高效栽培．北京：金盾出版社，2006．

[19] 杜广平，张立仁．黑龙江省鲜食葡萄优质设施栽培［J］．北方园艺，2006（2）：62-64．

[20] 孙其宝，徐义流，俞飞飞等．葡萄优质高效避雨栽培技术研究［J］．中国农学通报，2006，22（11）：477-479．

[21] 王学孝．设施葡萄优质丰产栽培技术［J］．现代园艺，2013（13）：45-46．

[22] 武世英．葡萄设施栽培的意义与注意事项［J］．现代农业科技，2010（19）：140-140．

[23] 丛广贤．寒地葡萄高效栽培．北京：金盾出版社，2008．

[24] 刘捍中，刘凤之．葡萄无公害高效栽培——果品无公害生产技术丛书．北京：金盾出版社，2004．